KB266950

# 가정원예

장미꽃 피어 있는 곳, 그 밑의 흙 또한 향기롭다.
4계절에 다뤄야 할 꽃의 종류와 파종시기 등 다양

편집부편

# 봄에 씨를 뿌리는 화초의 여러가지

| 아메리카 부용 | 금련화 |
| 8 중해바라기 | 사르비아 |

백일초
봉선화
클레오메
채송화
콜리우스
아프리카 봉선화

# 봄에 심는 구근초(球根草)와 숙근초(宿根草)

칸나
| 앗스쟈크라 |
| 베코니아 |
| 다알리아 |

일본벚꽃

가자니아 ┬ 솔잎국화

└ 미녀벚꽃

# 가을에
## 씨를 뿌리는 화초

| 금어초 | |
| --- | --- |
| 수레국화 | 팬지 |
| 석죽 | 안개꽃 |

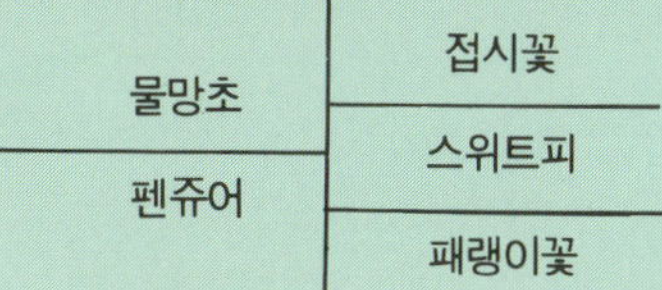
물망초
펜쥬어
접시꽃
스위트피
패랭이꽃

| | |
|---|---|
| 작약 | 튜울립 |
| 자주벚꽃 | 수선화 |
| 마아가렛 | 투명한 유리 |

# 가정원예

편집부편

# 머 리 말

 '가정원예' 하면 무슨 큰 원예사업 정도라도 되는 듯이 생각하는 사람도 없지 않다. 그러나 여기에서의 가정원예라 함은 다름아닌 집안에서의 화단 가꾸기를 말한다.

 예로부터 꽃이 있고 나무가 있는 집안은 서기가 서린다는 말이 있다. 말하자면 대갓집 정도가 되어야만 집안에 나무와 꽃이 만발해 있다는 뜻이다. 물론 일반 서민들이라 하더라도 집안에 꽃을 심지 못하란 법은 없다. 심고 가꾸면 된다. 그러나 꽃을 심고 가꾼다는 일이 그리 쉽지 만은 않다. 꽃에 관한 지식도 있어야 하고, 더 나아가 꽃을 가꿀 줄도 알아야 하는 것이다.

 남이 가꾸어 놓은 꽃이나 나무를 감상하는 것은 쉽다. 그러나 직접 꽃을 가꾸고, 나무를 길러보면 그것이 얼마나 힘든 일인가를 알게 된다.

 꽃도 나무도 하나의 생명체이다. 영양분을 섭취하고, 숨을 쉬며, 조건이 충족되면 성장한다. 제 아무리 꽃이 아름답다고 한들 아무렇게나 방치해 두면 제대로 자라주지 않는다. 정성을 가지고 보살펴 주지 않으면 주인의 뜻을 좇지 않는다. 충분한 영양공급, 적당한 통풍과 햇볕, 때 맞추어 적절히 물을 주어 수분이 모자라지 않도록 해주는 등의 섬세한 배려를 집안의 화초들은 원하고 있다.

이 책은 꽃의 종류와 특성에서부터 봄, 여름, 가을, 겨울에 심고 가꾸는 사계절 화초 가꾸기의 기초상식과 실기편을 집대성한 가정원예의 완결편이다.

씨를 뿌려서 가꾸는 화초가 있는가 하면 뿌리를 심어서 줄기를 관상하고 꽃을 발아시키는 화초도 있다. 어느 종류든 철따라 취향따라 알맞는 화초를 골라 가꾸어 본다면 한결 아늑하고 정서깊은 집안 분위기를 창출해 낼 수 있게 될 것이다.

날마다 꽃과 함께하는 생활, 그것은 참으로 풍요로운 삶이 아닐 수 없다. 이 책 한 권으로 말미암아 사계절 꽃과 더불어 살아가는 아름다운 삶의 주인공이 될 수 있기를 빈다. 이 책은 분명히 당신에게 보다 아름다운 삶의 향기를 제공해 줄 것이다.

# * 차 례 *

## 가을에 심는 구근 화초····························· 181



## 주로 가을에 포기 나누기하는 화초············· 206



## 겨울 원예 (12, 1, 2월)························· 224

# 전편(前篇)

# 화초 가꾸기의 기초 상식

# 꽃의 종류와 특성

## 꽃의 분류

꽃이라는 것은 이야기하기 어려운 것이지만 보통화라고 부르고 있는 것은 관상 가치가 있는 식물의 총칭이다. 그 관상 가치는 국민성, 이용 방법, 생활의 관습에 의한 꽃이였거나 보통의 식물이였다. 우리들은 이 관상 가치가 있는 식물, 즉 꽃을 피운다고 하는 입장에서 1 · 2년생 화초, 구근화초, 숙근화초, 수목, 관엽식물, 양란, 동양란, 사보텐, 다육식물, 산초 등으로 나누어서 정리했다. 물론 식물학상의 분류 방법도 있지만 가정

▲ 금어초

원예의 실제로는 꽃을 키운다고 하는 입장에서 분류 방법을 기억해 두는 것이 편리하다. 또한 이 책에서는 분류 방법에 의한 계절별로 화제를 진행하였다.

# 1 · 2년생의 화초

씨를 뿌려서 1년 이내의 꽃이 피고 열매를 맺어 일생을 끝내는 것을 1년생 화초, 씨를 뿌려서 1년 이상 경과해서 꽃이 피고 열매를 맺는 것을 2년생 화초라고 하고, 이 두 가지를 총칭해서 1 · 2년생 화초로서 정리해 두었다. 또한 이들 화초를 계절별로 나누어서 봄에 뿌리는 화초, 혹은 가을에 뿌리는 화초로 나누어서 정리하였다.

## (1) 봄에 씨를 뿌리는 화초

주로 봄에 씨를 뿌리는 화초로는 아겔라탐, 아프리카 토우센카, 아스타, 아릿삼, 킨렌카, 케이토우(맨드라미), 하게이토우(색비름), 사루비아, 백일홍, 페츄니아, 마리골드, 채송화, 해바라기 등을 들 수 있으며, 이들 화초들은 대개 봄에 씨를 뿌리고 초여름부터 늦가을 서리가 내리기 전가지 관상하는 화초이다. 이들 화초의 원산지는 열대, 혹은 아열대의 것이 많아 추위에 약한 것이 특징이다. 단 원산지에서는 숙근초의 것도 많은 것으로 우리나라의 기후조건으로 봄에 씨를 뿌린다.

늦가을 서리가 내릴 때의 저온으로 말라버리는 것이 많아 따뜻한 지역과 추운 지역은 큰 차이가 있기 때문에 확실히 구별할 수 있는 것이 아니다. 편의상의 것이라고 할 수 있다.

▲데이지

## (2) 가을에 씨를 뿌리는 화초

주로 가을에 씨를 뿌리는 화초로는 안개꽃, 붕어마름, 금잔화, 스위트피, 데이지, 패랭이꽃, 팬지, 벤츄라, 라피나스, 물망초, 수레국화 등을 들 수 있으며 주로 봄 화단을 중심으로 해서 관상되어지는 화초이다.

## 구근 화초(球根花草)

불룩한 구근(球根)이라고 불리워지는 부분으로 화초의 생장에 필요한 양분이 축적되어진 것이 많아 구근을 심는 시기가 틀리지 않으면 비교적 가꾸기 쉬운 화초 뿐이다.

예를 들자면 물(水)재배에 이용되는 히야신스, 잎이 자라지

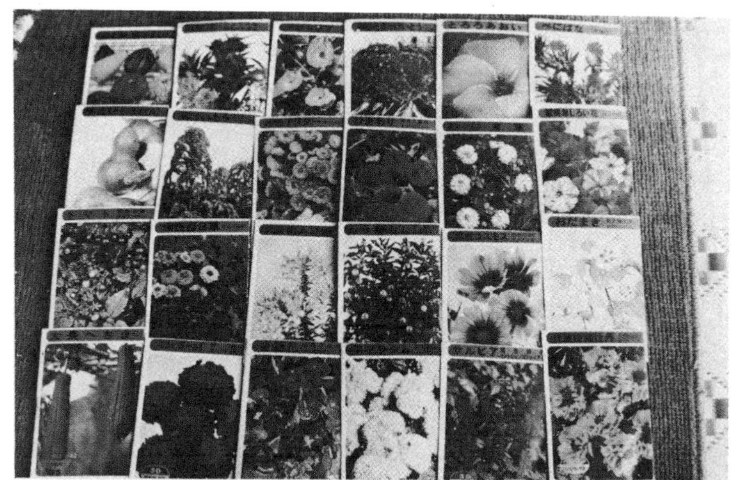

▲봄 가을을 중심으로 각 종묘회사에서 발생하는 카다로그

않아도 꽃만은 잘 피는 아마릴리스, 만인에게 다 맞는 튜울립, 어느 것이나 구근 화초의 성질을 잘 나타내며 가꾸기도 그다지 어렵지 않다. 이들 구근 화초는 구근의 심는 시기에 따라서 봄에 심는 것과 가을에 심는 구근 화초로 나눌 수 있다.

## (1) 봄에 심는 구근 화초

주로 봄에 심는 구근 화초는 아마릴리스, 칼라, 생강, 칸나, 다알리아, 글라디올라스 등을 들 수 있다. 봄에 구근을 심어 초여름부터 가을까지 관상하고 저온으로 지상부가 꽃이 말라서 휴면한다고 하는 것으로 원산지는 열대·아열대의 것이 많아 겨울 동안 휴면하고 봄에 다시 활동을 개시하는 성질의 것을 들 수 있다.

## (2) 가을에 심는 구근 화초

주로 가을에 심는 구근 화초는 아네모네, 튜울립, 사프란, 수선화, 스노우드랍, 히야신스, 백합 등을 들 수 있다. 봄에 심는 구근 화초에 비교해서 여름 동안에 휴면하고 가을부터 활동을 개시해서 싹과 뿌리를 뻗기 시작하여 봄에 피는 것을 들 수 있다.

## (3) 구근의 여러가지

봄에 심고, 가을에 심는 구근을 하나씩 들면 형태와 크기도 다르다. 이 볼록해진 구근이라고 불리워지는 부분을 잘 관찰하면 싹과 잎, 뿌리의 부분이 비대해 있다. 이같은 구근의 부분을 식물학상으로 다음과 같이 분류하고 있다.

(ㄱ) 비늘꽃 줄기
많은 비늘조각이 서로 합해져서 한 개의 구근(球根)이 된 것으로 튜울립, 아마릴리스, 백합, 수선화, 히야신스, 스노우 드롭 등이 있다.

(ㄴ) 둥근 모양의 줄기
지하 줄기 부분이 비대한 것으로 글라디올라스, 후리지아, 아카시아, 사프란, 크로키스 등이 있다.

(ㄷ) 덩이 줄기
줄기에 해당하는 부분이 비대한 것으로 지하 줄기의 하나이다. 칼라, 칼라디움, 아네모네, 시클라멘 등을 들 수 있다.

(ㄹ) 뿌리 줄기
완전한 지하 줄기가 비대한 것으로 칸나, 진져 등이 있다.

(□) 덩이 뿌리
뿌리 부분이 비대한 것으로 다알리아, 라난큐라스 등이 있다.

## 숙근 화초(宿根花草)

숙근화초는 다년초(多年草)라고도 하며 1·2년생 화초처럼 매년 씨를 뿌려야 한다는 걱정도 없이 겨울이 되면 잎과 싹이 말라서 지하부가 보이지 않게 되어도 땅속에서 뿌리가 살고 있

▲화초를 가꾸면서 무엇보다도 주의해야 할 점은 다름아닌 병충해의 예방과 퇴치이다. 병해가 발생되었을 때는 즉시 잎을 따서 태워 버리거나 나무를 뽑아버려야 한다.

다. 이윽고 따뜻한 봄이 오면 싹이 자라서 아름다운 꽃이 핀다
고 하는 성질의 것이다. 이 무리를 관찰하면 정해진 기간만의
계절이라는 것과 관상할 수 있는 화초, 혹은 성질적으로 추위
에 강한 국화, 반대로 약한 가베라가 있다.

그런가 하면 제라니움, 마가렛 등은 남쪽의 햇빛이 좋은 곳
에서는 월동하는 수목의 모습을 볼 수 있듯이 따뜻한 곳과 추
운 곳 등 여러가지 조건에 의한 취급상의 차이도 나온다.

여기에서 중요한 것은 숙근초라고 해서 방치한 채로는 좋은
꽃을 피울 수가 없다. 화초의 종류에 따라 약간씩 차이가 있지
만 매년 혹은 수년에 1회 정도의 비율로 그루터기와 갈아심기
를 해 주어야 한다. 젊음을 지켜서 좋은 꽃을 피우도록 일상의
배양 관리가 필요하다.

(1) 주로 봄에 그루터기하는 화초
부용, 가베라, 카자니아, 일본벚꽃 등이 있다.

(2) 주로 봄과 가을에 그루터기하는 화초
마타리, 국화, 대기탈리스, 시온, 틸머위노시란, 바이올렛, 리
본글라스 등이 있다.

### (3) 주로 꽃이 핀 뒤에 그루터기하는 화초
붓꽃, 제비붓꽃, 독일 아이리스, 꽃창포 등이 있다.

### (4) 주로 가을에 그루터기하는 화초
엉겅퀴, 접시꽃, 도리도마, 알메리아, 아카판사스, 블루데이지, 마가렛, 크리스마스 로즈 등이 있다.

## 그밖의 화초

관상용의 식물에는 그 외에도 초목, 정원수, 과수, 관상 식물, 사보텐, 다육 식물, 양란, 동양란, 산양의 그룹 등과 같이 많은 식물이 우리들의 생활에 취급되고 있는데 이 책에서는 1·2년생 화초, 구근 화초, 숙근 화초를 주제로 해서 엮은 것이기 때문에 상세한 설명은 생략하기로 한다. 단, 이 그룹에서도 화단, 방의 장식에 꼭 넣고 싶은 것도 있다. 화초 가꾸기의 모든 것을 이제부터 하나 하나 배워 나가기로 하자.

①②③④의 순서대로 햇볕을 잘 받을 수 있도록 심는다.

▲ 창가의 남쪽으로 가늘고 긴 화단을 경사지게 설치한 경우

▲묘목과 화분을 준비한다. 그런 다음 배양토를 화분 밑바닥에 깔고 그 위에 묘목을 심는다.

▲심는 다음에는 물을 준다.

▲묘목을 다룰 때는 조심해야 한다.

▲뿌리에 붙은 흙째로 옮겨심는 묘목

▲ 칸나 (봄에 심는다)

# 후편(後篇)

# 화초 가꾸기의 실기편(實技篇)

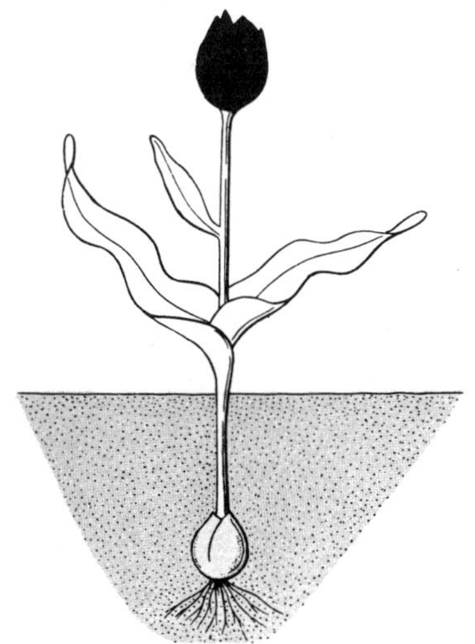

# 봄의 원예 (3, 4, 5월)

## 씨뿌리기

봄에 뿌리는 1·2년생 화초 외에 구근(球根), 숙근(宿根) 화초 등으로 씨앗에서 자라는 것의 활동 개시, 즉 씨뿌리는 시즌의 도래라고 하는 것이 된다. 그러나 남북으로 긴 반도인 우리나라에 있어서는 전국적으로 한결같이 씨뿌리기를 시작하는 때가 일정하지 않다. 우선의 목표로서 각지의 진달래가 필 때가 기온 10~15℃로 전국적으로 봄의 씨뿌리기가 시작된다. 그 이전이라면 온실, 프레임 등 가온(加溫) 설비가 없는 한 저온으로 실패해 버린다.

봄에 씨뿌리는 화초의 대부분은 초여름부터 늦가을 서리내리기 전까지 관상하는 것이 많기 때문에 황급히 씨뿌리기를 하는 일이 없이 기온이 높아지는 것을 기다려서 관상하려고 하는 꽃이 피는 시기에 맞추어서 씨뿌리는 시기를 결정하도록 한다. 봄의 씨뿌리기까지 특히 다음의 주의사항을 들 수 있다.

### (1) 발아(發芽)와 온도의 관계

(ㄱ) 비교적 저온에서 발아하는 것
벚꽃이 필 무렵 그 이전부터 씨뿌리기를 할 수 있는 것은 금련화, 코스모스, 마리골 등을 들 수 있다. 그 중에서도 금련화는 이 시기에 뿌리면 초여름부터 아름다운 꽃을 피울 수 있다.

▲ 따뜻한 날씨가 계속되는 봄이 되면 초목은 기지개를 켠다.

(ㄴ) 비교적 고온에서 발아하는 것

여름이 가까와지는 파종 적기(5월 2일경)의 마지막 서리를 표준으로서 나팔꽃, 맨드라미, 사루비아 등은 이 시기부터 씨뿌리기가 무난해진다.

(ㄱ)과 (ㄴ)에서 발아와 온도의 관계에 접했지만, 이것을 다시 정리하면 다음과 같이 된다.

10~15℃ 정도에서 발아하는 것 — 사루비아, 백일홍, 해바라기, 봉선화, 베고니아, 플로렌스, 페츄니아 등.

20~25℃ 정도에서 발아하는 것 — 나팔꽃, 박꽃, 채송화 등.

## (2) 명암(明暗)에 의한 발아의 조건

베고니아 셈파 플로렌스, 아프리카 봉선화, 다알리아, 디키탈

▲나팔꽃은 88밤의 마지막 서리를 지나서 파종을 한다.

리스 등은 명(明)발아종자라고 해서 씨를 뿌려 흙을 덮고 어두
워지면 발아하지 않기 때문에 주의해야 한다.

그밖에 씨의 크기(대소)에 의한 씨뿌리는 방법에도 주의해
야 한다.

# 구근(球根)의 이식(옮겨심기)

▲ 화분꽃, 플랜더를 이용하여 묘목을 키운다음 화단에 옮겨심는다.

구근 화초에는 봄에 심기와 가을에 심기가 있으며, 아마릴리스, 칼라, 칸나, 글라디올라스, 진져, 다알리아 등 대부분의 구근 화초는 햇볕을 받기좋은 곳에 만드는 것이 중요하고 음지가 반인 곳에서는 좋은 성적을 기대할 수 없다. 이들 숙근 화초 중에서도 다알리아, 칸나, 진져는 초여름부터 가을까지 계속되는데 특히 가을에 시원해지고 나서 꽃색이 최고를 발휘한다.

그외에 아마릴리스는 초여름용으로, 글라디올라스는 꽃꽂이용으로 하여 수회에 나누어서 심고, 차례로 꽃꽂이용으로 이용한다. 칼라디움과 칼라는 여름의 시원함을 부른다고 할 정도로 화초가 가지는 특징을 살려서 만들기를 하면 즐거운 것이다. 또한 다알리아 등은 튼튼한 지주를 세워서 태풍 시즌에도 견딜 수 있도록 미리 준비해 두는 것도 필요하다.

▲ 초여름이 되면 화초들은 다투어 꽃을 피운다.

# 숙근초(宿根草)의 그루터기와 꺾꽂이

봄에 피는 숙근초는 가을을 중심으로 그루터기하지만 여름부터 가을에 피는 숙근초는 국화, 도리토마, 샤스타 데이지와 사계절 피는 가베라는 3~4월이 그루터기 시기가 된다. 이들 숙근초는 한 그루에 반드시 싹과 뿌리가 붙어 있도록 조심해서 그루터기한다. 국화는 겨울 동안부터 나오고 있는 동지싹을 본 그루에서 나누어 다시 심든지 5월경부터 뻗어나온 새로운 싹을 꺾어 적토, 모래 등에 싹을 심어 모판을 만드는 방법이 좋은 모판 만들기가 되며 그 후의 육성도 좋아 좋은 꽃을 볼 수가 있다.

# 병충해(病蟲害)

3월에는 아직 그 정도의 것은 아니지만 새로운 싹이 트기 시작하는 때가 되면 병충해의 발생이 기온의 상승에 비례해서 많아졌다. 특히 진딧물이 맹렬하게 증가해 가기 때문에 조기에 발견하고 마라손 유제(乳劑)를 살포해서 발생을 막도록 한다. 한편 병해(病害) 쪽도 꽃의 종류에 따라 다르지만 예방적으로 다이센수화제(水和劑)를 살포해 두면 효과적이다. 화초의 병충해의 경우도 무농약(無農藥) 재배가 원칙이지만 원칙론만으로는 꽃이 아름답게 피어주지 않는 경우도 있기 때문에 염두에 둘 필요가 있다.

▲ 튜울립 화단에서 꽃을 즐기는 어린이들

# 봄화단의 손질

3월이 되면 날마다 따뜻하게 되어 겨울로부터 봄의 뜰이 옷을 갈아입는 계절이다. 초목이 서리에 맞지 않도록 포장한 것도 이달 중순 쯤에는 제거하여 꽃이 피기 전에 한 번 비료를 주고 원기를 주는 것도 명심해 두어야 한다. 또한 따뜻해지면 곧장 정원에 꽃을 피우게 하고 싶은 것이다.

작은 화단을 유효하게 활용하기 위해 온실과 프레임으로 키워진 팬지, 데이지, 수선화, 튜울립의 모종이 꽃가게로 나오기 때문에 시판(市販)의 화초 모종을 이용하는 것도 하나의 방법이 될 것이다. 특히 팬지, 데이지는 개화(開花) 기간도 길어 이용 가치가 높다.

그 외에 수레국화, 패랭이꽃, 석죽도 4월이 되면 나돌기 때문에 이용할 수 있으며, 숙근초인 아르메리아, 프리뮬러, 솔잎 채송화 등 꽃이 곧 피는 상태의 것을 심을 수도 있다.

# 봄에 씨를 뿌리는 화초

봄에 뿌리는 화초는 초여름부터 늦가을 서리내리기 전까지 관상할 수 있는 것이 많으며, 대별해서 화단 재료로서 비교적 많이 만들어지고 있다.

그 외에도 꽃꽂이 아이의 장난감의 교재처럼 화초의 특징을 살려서 조금씩 만들 듯이 나누어서 생각하면 편리하다.

## 아겔라탐

별명⇨엉겅퀴
씨뿌리기⇨3월 하순~6월 중순
개화기⇨6월 중순~10월
과명⇨국화과
원산지⇨멕시코

아겔라탐은 늙지 않는다고 하는 의미를 지닌 꽃이다. 꽃의 색이 변하지 않는다고 하는 점에서 이러한 꽃말이 나왔다고 한다. 초여름부터 서리가 내릴 때까지 엉겅퀴 상태의 꽃을 무수히 붙이고 화단의 가장자리용 등으로 사용할 수 있으며 만개 때는 훌륭한 꽃이 핀다.

**계통과 품종**

▲ 꽃을 활짝 피운 아겔라탐

4배체(倍體)의 품종이 일반적이고 보라, 백색, 블루 등의 꽃색이 발달하고 있다.

## 재배 방법의 포인트

### 씨뿌리기

발아 적온(發芽適溫)이 15℃내외로 그 이상의 고온이 되면 발아 때의 입고병(立枯病)에 걸리기 쉽기 때문에 3월 하순부터 4월 중순 정도에 상자 혹은 화분에 뿌려 본잎이 2~3매로 자랐을 때 5cm간격, 본잎이 5~6장때에 정식(定植)하여 키운다.

### 비료

질소질의 비료가 많으면 잎만 번성하고 꽃이 피는 것이 좋지 않다. 좋은 땅은 어느 쪽인가 하면 토박한 땅 쪽이 꽃이 잘 피기 때문에 생육 상황, 특히 잎색과 무성함을 보면서 비료를 지나치게 주지 않도록 주의한다.

기타

한여름의 고온에서는 생육 상태가 둔하지만 가을이 되어 날씨가 시원해짐에 따라서 원기를 회복한다는 느낌으로 길게 관상할 수 있다. 화단외에 화분심기를 해도 훌륭한 것이 된다.

# 나팔꽃

별명⇨케니코시
씨뿌리기⇨4월 중순~7월
개화기⇨7월~10월
과명⇨메꽃과
원산지⇨열대 아시아

꽃 중에는 하루 중 언제라도 피는 깔끔하지 못한 것도 있으며 나팔꽃처럼 해뜰 무렵 4시부터 4시반 경에 피는 것도 있다. 이 나팔꽃은 재배 방법에 따라 다음과 같이 나누면 편리하다. 가정 원예의 환경 기호에 맞추어서 즐기는 방법을 선택하는 것이 좋다.

## (1)화단과 윈도우박스 만들기

화단에 키우는 나팔꽃은 화분 키우기에 비해서 개화기가 늦어지기 쉬운데 개화기가 8월 상순부터 10월 끝까지 계속되기 때문에 긴 지주를 세우거나 끈을 매어서 주가지를 유인하면 오

▲철망을 타고 올라가는 나팔꽃

랫동안 관상할 수 있다.

(2) 잘라서 가꾸기
화분 심기를 해서 지주를 이용하지 않고 절단으로 기르는 방법으로 큰 꽃송이를 경쟁하는 경우에 잘 볼 수 있다. 방법은 본잎 6~7매 때에 4~5매 남기고 싹을 따면 측면 가지가 3~5줄기 나와서 각각의 옆가지의 봉우리가 붙으므로 어린 잎의 끝을 3~5잎 싹을 따고 꽃을 피워서 관상할 수 있다.

## (3) 둥근 테 만들기

가는 대나무를 이용해서 '둥근테 상태'로 하거나 14번 선의 철사를 매어서 '나선 상태'로 해서 주가지를 감아 붙이는 방법으로, 주가지에 봉우리가 붙지않을 때는 다시 감아 붙이고 피워서 관상한다.

## 계통과 품종

나팔꽃은 씨가 약용으로 이용되어진 것으로 원종의 꽃색은 도라지색이지만 적·백·청의 사이에 복잡한 색채와 꽃모양이 있다.

## (1) 꽃모양의 여러가지

(ㄱ) 복륜(覆輪)…화환의 가장자리가 희게 되어있는 것으로 복륜의 폭이 넓은 것을 심복륜(深覆輪), 얇은 것을 사복륜(糸覆輪), 조각 조각이 붙은 것을 과복륜(瓜覆輪), 또한 꽃잎의 외변만 유색으로 칠해진 것을 역복륜(逆覆輪)이라고 한다.

(ㄴ) 통백(筒白)…꽃관이 희게 벗겨지고 꽃잎 뿌리까지 하얗게 두드러진다.

(ㄷ) 화립(花笠; 꽃으로 꾸민 삿갓)…꽃잎의 줄기를 따라서 짙게 별모양으로 색이 발라진 모양.

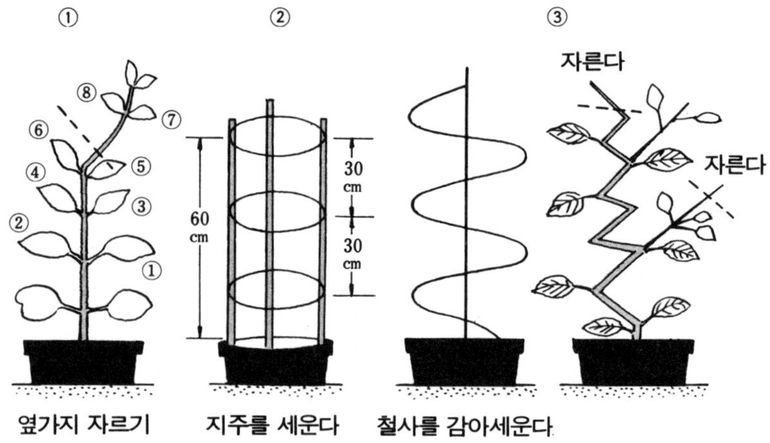



▲ 둥근테 만드는 방법

(ㄹ) 세차게 내뿜기…흰종이에 색물을 내뿜듯이 일면에 나타난 모양.

(ㅁ) 귀얄자국…꽃잎의 관에서 가늘게 줄기에 색채가 들어간다.

### (2) 잎의 형태의 여러가지

나팔꽃은 계통에 의하여 여러가지 잎모양이 있는데 매미잎, 다시마잎, 천조엽(千鳥葉), 환엽(丸葉)의 것이 많이 만들어지고 있다. 또한 어린 잎도 보통잎보다 큰 봉우리의 것은 폭넓게 부풀어져 있다.

그 외에 변화하여 피는 것에는 주름이 진 잎도 있다.

### (3) 어린 잎의 줄기와 잎색깔과 꽃과의 관계

나팔꽃에는 어린 잎에 흰반점이 들어간 것이 복륜(覆輪)이 된 것이 많아 어린 잎의 색과 꽃색과 모양과는 관계가 있으므로 어린 잎 중에 구별하면 꽃색과 모양이 대개 차이가 난다. 검토해 보면 쉽게 알 수가 있는 것이다.

## 재배 방법의 포인트

### 씨뿌리기

고온에서 발아한다. 일반적으로 파종 적기(5월 2일경)의 서리가 걱정이 없어진 5월 상순 경부터 씨뿌리기를 시작하여 목적에 따라 수회에 나누어서 씨를 뿌린다.

### 씨뿌리는 방법

묘판에 뿌리는 것과 평평한 화분 혹은 육성모판을 이용한 씨뿌리기 방법이 있다. 덮는 흙의 양은 씨앗의 지름의 2~3배로 하고 2~3㎝ 간격으로 한 알씩 뿌린다. 싹은 10일 전후로 나오기 때문에 어린 잎이 벌어지기 시작했다면 옮겨 심도록 해야 한다.

### 바꾸어 심기

본잎이 자라고 나서 바꾸어 심는 것은 뿌리가 나빠지기 때문에 늦어도 본잎이 나올려고 할 때까지 화분과 화단에 옮겨심어 키우는 것이 중요하다. 화분에 심는 경우는 처음은 10㎝화분, 뿌리가 뻗었다면 15~18㎝ 화분이 되도록 바꾸어 심어 키운다. 나팔꽃 가꾸기에서 중요한 것은 어린 청년기 때의 꽃이 가장 아름답다는 것을 염두에 두기 바란다.

▲저녁의 서늘함을 겸해서 관상할 수 있는 큰 봉오리의 박꽃

# 박꽃

별명⇨박꽃
씨뿌리기⇨4월상순~5월
개화기⇨7월~10월
과명⇨메꽃과
원산지⇨열대 아메리카

여름의 저녁 무렵부터 방향(芳香)을 풍기며 큰봉우리의 흰 꽃이 핀다고 하는 것으로 여름밤의 꽃으로서 옛날부터 친숙해 진 식물이다. 창이나 마루 끝에서 관상할 수 있는 장소에 길러 서 즐기면 재미있는 꽃이다. 박꽃은 야채인 박고지의 의미도 있다.

## 계통과 품종

보통은 흰색의 박꽃인데 빨간색의 박꽃도 있다. 작은 봉우리 로 관상가치가 낮기 때문에 그다지 키워지고 있지 않는 꽃 중 의 하나이다.

## 재배 방법의 포인트

나팔꽃과 같다. 둥근테 만들기 화단에 심어서 저녁 무렵의 꽃을 즐기도록 가꾸어서 관상하는 것이 중요하다.

# 애스티

별명⇨과꽃
씨뿌리기⇨4월 중하순
개화기⇨7~9월
과명⇨국화과
원산지⇨중국, 동터어키

여름의 꽃꽂이 불화(佛花)로서 옛날부터 가꾸어져온 화초인

▲ 꽃색이 풍부한 애스티

데 품종 개량이 진행되어 꽃의 색, 꽃의 형태가 훌륭한 것이
나오고 있다.

## 계통과 품종

꽃의 크기로는 큰 봉우리, 중간 봉우리, 작은 봉우리가 있으며 꽃색은 백색, 홍적자색, 청색, 중심부가 흰색과 황색의 뱀눈의 모양과 같은 것이 있다. 가정 원예로는 꽃꽂이로서는 고성종(高性種), 화단에는 왜성종(矮性種)이 있다.

## 재배 방법의 포인트

### 씨뿌리기

노지의 묘판 상자에 뿌리기도 하고 본잎 2~3장일 때 임시로 심는데 섞여있는 부분을 솎아내고 키워서 본잎 5~6장이 되었을 때 목적지에 그루의 간격을 20~30cm로 정착해서 심어 키운다.

### 비료

옮겨 심어서 개화까지 잎색을 보고 2~3주간에 1회 화학성 비료를 퇴비로서 준다. 퇴비의 경우에 질소 비료 과다가 되면 잎만 무성해지기 때문에 주의해서 꽃나무의 키, 꽃 모두가 잘 되도록 명심해야 한다.

### 병충해

어린 묘종일 때 입고병, 고온 때의 사비병, 반점병의 발생이 많기 때문에 다이센 혹은 만네브 다이센을 살포해서 예방한다. 충해로는 넓적다리의 잎벌레, 야뇨충의 발생이 많기 때문에 DDVP 의 2~3회 살포가 필요하게 될지도 모른다.

▲ 봄, 가을 정원에 감미로운 향기를 뿜는 아릿삼

기타

애스티는 연작을 싫어하기 때문에 매년 같은 장소에 가꾸는 것은 피하도록 한다.

## 아릿삼

별명⇨마당냉이
씨뿌리기⇨(봄뿌리기) 4월 중하순, (가을뿌리기) 9월 중순
개화기⇨(봄뿌리기) 6월~10월, (가을뿌리기) 4월~6월
과명⇨냉이과

원산지⇨유럽

지면을 덮을 듯한 무수한 꽃이 봄과 가을에 차례 차례로 계속 피어 한 번 가꾸면 망가진 씨앗에서도 매년 잘 피어 줄 정도로 튼튼한 화초이다. 그러나 봄 파종 혹은 가을 파종을 해서 손을 본 꽃은 아름답게 달콤한 향기를 한층 더해준다.

## 계통과 품종

백색과 핑크의 계통이 있다.

## 재배 방법의 포인트

### 파종, 상자에 뿌리기

노지에 직접 뿌려도 싹이 잘 나온다. 섞여 있는 곳을 솎아주고 본잎 4~5매 때 10cm간격으로 심어 둔다.

### 병충해

어린 묘종일 때 애벌레의 피해가 현저하기 때문에 포살이나 마라손 유제를 살포해 두면 효과적이다.

### 기타

햇볕이 잘드는 곳이 조건인데 화단의 가장자리에 이용한 경우 다른 화초의 그늘이 되어서 효과가 반감하므로 주의해야 한다.

# 아프리카 봉선화

파종⇨3~4월
꺾꽂이하는 시기⇨4~7월
개화기⇨6~10월
원산지⇨남아프리카

봉선화의 중간인데 꽃의 느낌이 전연 다르다. 응달에 강하며 화단, 화분심기에 생육이 왕성해서 차례 차례로 꽃이 핀다. 그러나 여름의 더위와 겨울의 추위에는 약하다.

## 계통과 품종

홍색, 분홍색, 등색, 백색 등의 꽃색을 가지고 있다. 일대 교배종 등의 우량 품종이 나오게 되었기 때문에 꼭 권유하고 싶은 화초이다.

▲반음지인 곳에 계속 피는 아프리카 봉선화

## 재배 방법의 포인트

### 증식 방법

씨앗에서 꺾꽂이 싹으로 쉽게 증식할 수 있기 때문에 가정 원예의 경우 병용을 권한다. 봄에 파종해서 초여름부터 개화하여 여름의 무더위에 약하므로 이 시기에 꺾꽂이해서 늘리고 다시 피우도록 해준다. 이 경우의 꺾꽂이싹은 바람을 잘 통하게 해줄 예정으로 섞인 부분의 가지와 잎을 정리한 것을 이용한다.

### 파종

발아의 온도가 20℃ 이상으로 발아에 15~20일 정도 걸린다. 빛을 좋아하는 식물이기 때문에 화분에 심어서 흙을 덮지 않도록 해서 화분 밑에서 물을 흡수하게 하고 싹을 내도록 한다. 이윽고 본잎 2~3장 때 화분에 옮겨서 키우고, 필요에 따라서 화분을 크게 하거나 화단에 심어서 꽃을 피게 한다. 씨앗에서의 경우 6~7월 개화를 목표로 하는 것이 실용적이다.

### 꺾꽂이싹

6~7월, 화분이나 화단의 아프리카 봉선화가 얽혀 나오기 때문에 솎아서 바람의 소통을 잘해 주어 병충해와 더위로부터 지켜 주도록 한다. 그때 솎은 것과 흙을 이용해서 평평한 화분에 꺾꽂이하면 1~2주간으로 쉽게 뿌리가 생기므로 9~10월의 화단 재료로서 이용하면 6월부터 10월까지 차례 차례로 핀다. 이렇게 하면 꽃이 있는 집이 실현된다.

### 관리

파종을 제외하고는 가꾸기 쉬운 것이지만 여름의 더위로 아랫잎에서 풀리는 듯한 느낌이 들기 때문에 통풍을 잘 해주기 위한 솎아주기를 한다. 이때의 꺾꽂이 싹으로 증식해서 오랫동안 관상할 수 있도록 한다. 또는 10℃정도로 보존하면 겨울에도 관상할 수 있으므로 다음 해의 꺾꽂이싹 번식용으로 해서 여러 포기를 월동시켜 숙근화초와 같이 취급할 수도 있다.

# 분꽃

파종⇨4～5월
개화기⇨7～10월
과명⇨분꽃과
원산지⇨열대, 아메리카, 페루

▲저녁 6 시경부터 꽃이 피기 시작하는 분꽃

분꽃은 영국 이름으로 포오 클라크라고 하듯이 오후 4시경에 피기 시작하여 다음 날 아침 6시경까지 핀다고 하는 의미이다. 여름의 고온과 햇볕이 강한 남부에서는 오후 6시경부터 피기 시작한다. 햇볕이 잘드는 곳과 반음지의 구별없이 망친 씨앗이라도 잘 피는 건강한 꽃으로 수목인 채로 남겨 두면 같은 포기에서 매년 튼튼하게 꽃을 피울 수가 있다.

## 계통과 품종

황색, 적색, 분홍색, 백색과 각각에 반점이 들어가고 개화 때 8겹으로 피는 것도 있다. 어느 것이나 가꾸기 쉬운 튼튼한 화초이다. 그 외에 분꽃의 변종으로 방향(芳香)이 있는 것도 있다.

## 재배 방법의 포인트

### 파종
4~5월에 목적지에 직접 또는 포트 육성 묘판에서 본잎 5~6장일 때, 3~40㎝ 간격으로 심어두면 비교적 튼튼하게 계속 꽃이 핀다.

### 큰 포기 만들기
때때로 집의 남향쪽에 큰 포기로 무성한 분꽃을 볼 수 있는데 이것은 전년의 포기를 남겨서 피운 것이다. 보통은 가을의 서리내리기 전에 다육질의 뿌리를 파묻어서 저장하였다가 봄에 심는다고 하듯이 매년 되풀이해서 하는 것으로 매년 훌륭한

꽃이 가득한 큰 포기를 관상할 수 있기 때문에 이 방법을 채용
해서 큰 포기의 훌륭함을 다투어 보는 것은 어떨까.

# 함수초

별명⇨미모사
파종⇨5~6월
개화기⇨8~9월
과명⇨콩과
원산지⇨브라질, 페루

▲잎의 끝에 살짝 닿으면 작은 잎이 1장씩 닫히고 게다가 그 밖의
잎에까지 영향을 준다. 이것을 접촉운동이라고 하며 식물 세포의 팽
압에 의한 현상으로 고무관에 물을 넣거나 빼거나 하면 고무관이 움
직이는 것과 같다.

꽃으로서의 관상보다 손이 닿으면 잎이 닫혀 버리는 재미가 있으며, 아이도 어른도 가까이서 만져보고 즐기는 식물이다. 몇 포기 가꾸어 두면 여름을 즐겁게 보낼 수 있다. 잎이 닫히는 것은 잎에 있는 세포의 팽압의 변화에 의한 것으로 밤이 되면 자연히 잎을 닫는다고 하는 흥미있는 식물이다.

## 계통과 품종

보통의 자귀나무 외에 개량종도 있으며 꽃잎도 훌륭하다.

## 재배 방법의 포인트

### 파종

발아 온도가 20℃ 전후가 적온이기 때문에 화분에 파종해서 키우고 화분째로 혹은 화단에 옮겨 심어서 즐긴다. 토질은 고르지 않지만 일광과 배수가 좋은 곳이라면 왕성하게 잘 자라서 즐겁게 해준다. 우선 식물의 성질을 살린 애완용이라는 점일지도 모른다.

# 호박

별명⇨관상용 포백
파종⇨4월 중순-5월 상순
관상용⇨7월～10월
과명⇨박과
원산지⇨북미, 멕시코

▲여러가지 변형의 호박을 관상하거나, 아이들의 장난감으로서 즐긴
다. 약간 기형적인 것이 더 인기가 있다.

서양 호박의 변종이라고 하는 것으로 과실은 딱딱하여 식용으로 할 수 없지만 여러가지 형태와 색이 있어서 아이들의 장난감으로서 사랑받는다.

## 계통과 품종

호박의 소형으로 여러가지 형태가 있으며 씨앗은 혼합되어 시판되는 경우가 많기 때문에 좋아하는 것을 자기집에서 채종해서 키우도록 하면 만족할 만한 장난감이 된다고 생각한다.

## 재배 방법의 포인트

### 파종

묘판에서 기르는 포트를 이용해서 2~3개의 씨앗을 뿌리고 본잎 4~5개일 때 솎아서 한 줄기를 배치하고 유기질이 풍부한 땅(퇴비를 넣은 곳)에 옮겨심어 울타리를 타고 오르게 하거나 사다리를 만들어 지붕 위로 오르게 한다. 익은 과실 부분은 아이의 장난감으로 이용한다. 좋아하는 것을 발견해서 즐기는 것이 중요하다고 생각한다.

# 맨드라미

파종⇨4월 하순~5월 상순
개화기⇨8~11월
과명⇨비름과
원산지⇨열대, 아열대에 넓게 분포

▲ 활짝 핀 맨드라미

맨드라미에는 여러가지 화관(花冠)이 있다. 한 그루로도 좋으며 여러 그루 합쳐도 된다. 여러가지 화관을 배식해도 좋듯이 화분에 심거나 화단 재료에 많이 이용되고 있다. 특히 고온에 강한 식물로 여름부터 가을에 걸쳐서 오랫동안 관상할 수 있다. 화관의 차이, 화초 길이의 고저, 꽃색의 차이 등이 있지만 일반적으로 나오는 것으로는 다음과 같은 것이 있다.

◇계관(볏) 맨드라미
꽃의 싹이 닭벼슬의 형태를 한 것으로 일반 맨드라미 외에 많은 품종이 있다.

◇날개 모양 맨드라미
날개 상태로 더부룩한 꽃싹을 가진 것으로 보통 날개 맨드라미의 명칭으로 시판되는데 다른 품종도 있다.

◇야리 맨드라미
꽃싹이 삼나무를 닮은 느낌의 것으로 보통 맨드라미를 비롯하여 몇 가지의 품종이 있다.

◇옥(玉) 맨드라미
키가 높은 것으로 1m내외에 가지가 분지하고 각각에 3cm 정도의 꽃싹을 붙인다. 이 종류는 성장 도중에 가지를 정리하면서 키우도록 한다.

◇아리스 플랜드
화초 길이 1m내외에서 옆가지를 내고 가득히 넓어진다.

◇그 외

버들 맨드라미와 날개 맨드라미의 근친종이라고 할 수 있는 끈맨드라미 등이 있다.

## 재배 방법의 포인트

### 파종

열대성인 꽃이므로 여름에도 자란다. 4월 중순–5월 상순에 화단에 직접 씨앗을 뿌리거나 재배 묘종 화분에서 뿌리를 다치지 않도록 키워서 이식한다. 화단에 직접 뿌린 경우 어느 정도 자라면 얽혀있는 부분은 솎아내주어 2~3줄기 만들어 주고, 품종에 따라서도 차이는 있지만 대체로 50㎝ 간격이 되도록 해서 키운다. 맨드라미의 특징은 가을의 단기일 조건에서 가장 아름답게 피는 꽃이라는 점이다.

# 색비름

파종⇨4월 중순–5월
개화기⇨8~10월
과명⇨비름과
원산지⇨열대아시아

여름부터 가을에 걸쳐서 잎의 색깔이 아름다우며 특히 가을의 서늘하게 되고 나서부터는 잎색이 최고로 아름답다. 여름이나 가을이라고 하듯이 관엽의 기간도 길기 때문에 정원에 한 포기나 여러 포기 모아서 키워 보자. 아름다움에 빠져서 내년

▲특히 가을에 잎이 아름다운 색비름

에도 반드시 가꾸고 싶다고 생각되어질 관상적인 꽃이다.

## 계통과 품종

화초의 키가 높은 것, 낮은 것, 잎의 폭이 큰 것, 작은 것 등 여러가지 품종이 나오고 있다. 중요한 것을 들어보면 다음과 같은 것이 있다.

◇몬데르 파이어
화초 길이 1~1.5cm의 것과 30cm 정도의 것이 있으며 빨강과 초록의 두 가지 색깔이 있다.

◇토리코르스 프렌덴스

잎폭이 넓은 것으로 화초 길이는 1~1.5m정도이다. 꽃은 노란색과 초록색의 두 가지가 있다.

## 재배 방법의 포인트

### 파종

화단에 직접 씨를 뿌리고 얽혀진 부분을 솎아내고 키우거나 육성묘 화분에 씨를 뿌린다. 본잎 4~5장일 때 뿌리를 다치지 않도록 20~30cm간격이 되도록 해서 키운다.

### 비료

화단에 심고 나서 2~3주간에 한 번 정도 화학성 비료를 주는데 질소질의 비료를 지나치게 주면 잎만 무성해져서 관상가치가 떨어지므로 주의해야 한다.

### 그 외

병충해는 어린 묘종 때의 입고병이 눈에 띄기 때문에 청정한 장소에서 묘종 가꾸기를 해야 한다. 물론 화단도 잡초를 뽑아내어 튼튼한 꽃이 피는 환경을 만들어 주는 것도 중요하다.

# 코스모스

파종⇨4~5월
개화기⇨7~10월
과명⇨국화과

▲가을에 가득 피어서 아름다운 코스모스 꽃

원산지⇨멕시코

가을의 꽃으로서 석양에 비치는 모습이 아름답다. 요즘에는 일찍 피는 코스모스 센세이션의 계통이 나오게 되었다.

코스모스는 조기의 것은 초여름부터 피고 그것이 상식이 되어 있다. 그러나 재래의 두껍고 큰 그루가 되어서 가을이 되고 나서 피는 코스모스도 잊을 수 없다.

## 계통과 품종

조기 개화의 코스모스 센세이션의 계통에 짙은 홍색, 분홍,

핑크, 뱀눈 모양의 색 등의 품종이 발달해 있다. 그밖에 재래의 것으로 황화(黃花) 코스모스 등이 있다.

## 재배 방법의 포인트

### 파종

4월로 들어가면 화단에 직접 뿌리거나 육성묘 화분에 키워서 어느 정도 커지면 10㎝ 간격으로 옮겨 심어서 키운다. 비교적 가꾸기 쉬운 꽃으로 일조와 통풍이 좋으면 끊임없이 꽃이 계속 피는 것이다.

### 그 외

화초 길이가 커지기 때문에 더 이상 커지지 않는 것으로 만들 때는 화초 크기 50~60㎝때에 옆으로 눌러주면 화초 길이가 낮아진다.

# 콜리우스

파종⇨4월 하순–5월 하순
관엽기⇨7~10월
과명⇨자소과
원산지⇨동남아시아

식용의 자소에 가까운 종류로 잎에 비단 모양을 나타낸 관엽 식물이다. 잎 색깔도 풍부하고 여름부터 가을 화단, 화분으로 가꾸어진다. 이 꽃을 가꾸는 경우 여름의 더위에 약하기 때문

▲ 잎색이 풍부한 콜리우스

에 반음지인 곳이 좋으며, 또한 가을이 되고 나서의 잎색이 아름답게 된다.

## 계통과 품종

잎 형태, 잎 색깔에 의하여 여러가지 계통이 있으며 종묘회사에 의하여 특색있는 것이 시판되고 있기 때문에 봄의 카다로그를 보고 선택하는 것이 현명하다. 또한 묘종도 나오므로 좋아하는 것을 선택할 수 있다.

## 재배 방법의 포인트

### 파종

종자가 가늘기 때문에 상자나 화분에 뿌려서 고온용이므로 햇볕이 좋은 곳에서 키우도록 한다. 중부 지방을 표준으로 한다면 5월에 들어가고 나서 파종한 재배 묘가 실용적이다. 본잎 2~3장으로 자랐을 때 5cm 간격으로 임시로 심고, 본잎 5~6장 정도의 크기가 되었을 때에 옮겨 심도록 해서 키운다. 씨앗이 가늘기 때문에 발아에 주의하도록 하면 그 다음은 즐거움을 맛볼 수가 있게 될 것이다.

### 그 외

관엽의 기간이 길기 때문에 20일에 1회 정도의 추가 비료와 여름의 건조에 대한 물주기 등의 관리가 필요하다. 우량 품질의 아름다운 잎이 있다면 꺾꽂이해서라도 증식시키는 것이 콜리우스 관상의 중요점일 것이다.

# 사르비아

파종⇨4월 중순-8월 중순
개화기⇨7~10월
과명⇨자소과
원산지⇨브라질

사르비아는 가정 화단, 공공 화단, 플라워 박스 등 널리 이용되어져 평지에서도 고냉지에서도 꽃이 잘 피는 대중의 꽃으로서 수요가 많은 것이 특징이라고 할 수 있다. 여름의 폭서에도 잘 피어 주지만 가을의 석양에 피는 타는 듯한 아름다움은 최

▲가을 석양에 비치는 사르비아

고이다.

## 계통과 품종

사르비아에는 몇 개의 종류가 있으며 보통 사르비아라고 부르고 있는 것도 빨간 꽃으로 대표되는 사르비아 스프렌데스라는 종류를 가리킨다. 화초 길이에 따라서 대체로 다음과 같은 3개의 그룹으로 나눌 수 있다. 고성종(高性種 ; 70~80cm), 중

성종(中性種 ; 40cm), 왜성종(矮性種 ; 20~30cm)이 있으며 꽃
색깔은 홍색이 주로이고 백색, 로즈, 보라색 등이 있으며 품종
이 잘 발달해 있다. 그밖에 원예종의 사르비아와 같은 선명함
은 없지만 남구미 원산의 약용 사르비아가 있고, 화단용으로서
즐기는 외에 약으로 상쾌한 방향(芳香)과 쓴맛, 떫은 맛이 있
다. 시튜어소스에 1장 넣는 것만으로 맛이 한층 더해지기 때문
에 정원에 한 그루 두면 편리하다. 이것은 겨울에도 지하부가
살아서 저목 상태가 된다.

## 재배 방법의 포인트

### 파종

사르비아는 지온이 15℃ 이상이 되지 않으면 발아하지 않기
때문에 파종은 4월 중순 이후가 된다. 정원의 양지가 좋은 곳
에 평평한 상자를 만들고 씨를 뿌려 1주일 정도로 발아하는 것
으로 본잎이 나올 때에 한 번 이식해 주고 그 후에 화분이나
화단에 심는다. 완전히 옮겨심는 것도 장기에 걸쳐서 개화하기
때문에 유기질을 중심으로 한 충분한 비료를 주는 것이 중요하
다. 또한 2~3월에 가온(온실, 프레임) 설비가 있는 곳에 파종
을 해서 키워진 묘종이 4월 하순경부터 출하하는 것을 이용해
서 보다 길게 꽃을 즐기는 것도 하나의 방법이다. 화단의 이용
계획에 맞추어서 활용하면 효과적일 것이다.

## 백일홍

파종⇨5월 상순

▲화초의 높낮이, 꽃모양, 꽃색이
풍부한 백일홍

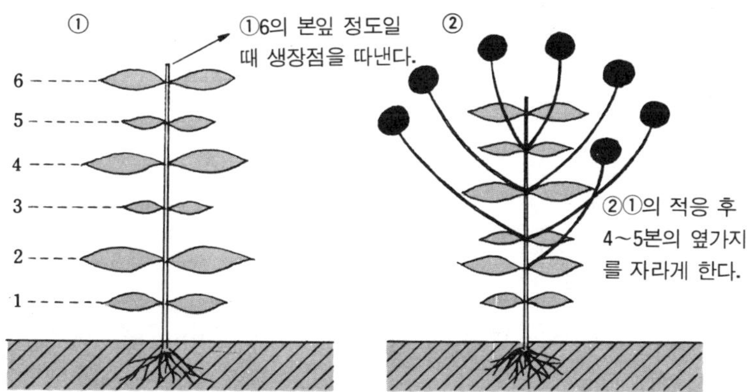



대·중 송이 백일홍의 적응심과 가지치기

개화기⇨6월~10월

과명⇨국화과

원산지⇨멕시코

백일홍은 꽃색이 선명하고 풍부하며, 꽃 형태도 소형의 꽃송
이가 잘 피는 것부터 다알리아 크기의 거대한 송이까지 있다.

변화에 풍부하고 무더위를 중심으로 백일 이상 계속 핀다고 하는 의미에서 백일홍이라고 한다. 당연히 이용하고 싶은 가정 화단과 꽃꽂이 용에 적합한 화초이다.

## 계통과 품종

보통 지니어(백일초)라고 불리고 있는 것도 지니어, 엘레강스에 속하는 것으로 큰 봉우리, 작은 봉우리, 중간 봉우리로 나뉘여져 각각에 여러가지 꽃 색깔, 꽃 형태의 품종이 발달하고 있다.

대·중 봉우리의 품종은 60~100cm로 큰 화단용이며, 작은 봉우리의 품종은 20~40cm정도인 것으로 소화단용이다. 각각의 용도에 따라서 전방, 후방으로 나누어 사용하는 것도 하나의 방법이다.

### 큰 봉우리 품종

꽃의 직경은 15cm 이상이나 되며 가꾸타스, 거대송이 다알리아 등이 있으며 주홍색, 분홍색, 노란색, 오렌지와 황색의 두 색 등의 품종이 있고 꽃꽂이로서도 훌륭한 꽃이다.

### 중간 봉우리 품종

플라미, 스카오 등이 있고 빨간색, 흰색, 노란색, 분홍색 등이 있으며 화단·화분·꽃꽂이 등으로 널리 이용할 수 있다.

### 작은 봉우리 품종

많은 종류가 있지만 퐁퐁개화에는 적색, 흰색, 분홍색, 보라색, 황색 등의 색깔별로 있으며 화단용으로서 널리 이용되고 있다.

## 재배 방법의 포인트

### 파종

씨앗은 화초 중에서는 큰 편이다. 20℃정도에서 잘 발아하고 생육에는 15℃ 이상의 온도를 필요로 하므로 가정 화단에서는 5월 상순에 뿌리는데 그 후의 생육 개화에 좋은 조건으로 발아 후 본잎 2장 정도일 때에 한 번 임시로 심기를 한다. 이때 유기질과 비료분의 풍부한 땅에 임시 심기를 하는가 않는가에 따라 그 후의 생육에 커다란 영향을 미치는 것이다. 그 밖에는 완전히 옮겨심을 때에 뿌리를 다치지 않도록 할 것. 그것을 위하여 비닐이나 폴리포트 재배 묘목 화분을 이용하면 뿌리를 다치지 않고 옮겨심을 수 있다.

# 디기탈리스

파종⇨봄과 가을
개화기⇨6월 중순–7월 상순
과명⇨참깻잎과
원산지⇨유럽

관상용 혹은 약초로서 알려진 화초로 말린 잎은 심장약으로서 사용되어진다고 하는데 맹독이 있으므로 초보자의 식용은 위험하다. 가정 원예에서는 다만 관상용으로서 이용되고 있다.

▲ 2년생 화초인 디기탈리스

## 계통과 품종

관상용으로서 적자색, 핑크, 백색의 꽃의 내부에 반점이 들어간 것이 있다. 그 외에 디기탈리스 르테어(완전한 숙근초)도 있다.

## 재배 방법의 포인트

### 파종

봄에 씨앗을 뿌리면 다음해에, 가을에 씨를 뿌리면 그 다음 다음 해에 꽃이 피는 2년생의 화초이다. 큰 꽃지름을 뻗쳐서 꽃이 핀다. 가꾸는 방법, 그것도 어려운 것이 아니다. 화단에 직접 씨를 뿌리거나 재배 묘종 화분에서 키우는 정도로 크게 자란 묘종을 뿌리를 다치지 않도록 옮겨 심어서 키운다.

# 잔대

파종⇨5월 하순-6월 상순
개화기⇨다음해 5~6월
과명⇨도라지과
원산지⇨일본, 시베리아, 지중해 연안, 북미

2년생 화초로 꽃은 종모양으로 아래로 매달리는 점에서 나온 명칭으로 도라지를 닮은 화초이다. 여기에서 들고 있는 잔대 외에 모모바 도라지, 오토메 도라지 그로메라타, 이소피라 등의 종류도 같은 무리이다. 모두 숙근 화초로 취급되고 있다.

▲아름다운 잔대의 모습

## 계통과 품종

화초의 길이는 1m 정도이다. 봄의 파종으로부터 다음 해 5~6월에 꽃이 핀다고 하는 진귀한 화초로 보라, 흰색, 분홍색이 있다.

## 재배 방법의 포인트

### 파종

5월 하순~6월 상순에 화분에 묘종을 키우거나 상자에 뿌려서 무성해졌을 때에 한 번 옮겨 심어서 키우고 10월 상순에 포기 사이를 30cm 간격으로 심어서 키운다.

### 그 외

여름 더위에 약하므로 화초를 가꾸는 동안은 나무 밑과 강한 일광을 차단하여 시원하게 해서 키우도록 한다. 또한 쓰러지지 않도록 지주를 세워 주도록 한다.

# 천일홍

파종⇨4월 중순-5월
개화기⇨7~9월
과명⇨비름과
원산지⇨열대 아메리카

여름꽃으로서 건조에 견디며 잘 자라고 개화기가 천일의 이

▲건조화로서도 이용되는 여름꽃 천일홍

름처럼 길다. 건조꽃으로서 꽃이 끝나고 나서 그대로 두어도
아름답게 관상할 수 있다.

## 계통과 품종

흰색, 분홍색, 보라색, 진홍색의 작은 꽃이 달린 것이 보통으
로 가꿀 수 있는 천일홍이다. 그 밖에 아메리카 천일홍 등도
있으나, 그것은 그다지 잘 키워지지 않는 단점이 있다.

## 재배 방법의 포인트

파종
화분과 상자에 뿌리기를 해서 발아하면 재빨리 화단에 옮겨 심는다. 이 화초의 씨앗은 비단털로 싸여서 큰 듯한 느낌이 들지만 금빛 껍질 속에 작은 겨자씨알만한 정도의 씨앗이 들어있기 때문에 씨앗은 많이 뿌리도록 하는 것이 중요하다. 그밖에도 화단에서도 수십 포기 합한 듯이 심지 않으면 관상 가치가 적어진다.

# 고추

파종⇨5월 상순–6월 상순
개화기⇨여름부터 가을
과명⇨가지과
원산지⇨남아메리카

고추 종류로는 관상용으로서 상당히 재미있는 것이 있으며, 많이 가꾸어지고 있다. 그 중에서도 오색 고추가 눈에 띈다.

## 계통과 품종

고추 종류는 관상용으로서 상당히 아름다운 것이다. 별명으로 불리우는 5색 고추가 많이 재배되고 있는데 그밖의 고추도 상당히 아름다운 것이 있으며 이들 고추를 대별하면 다음의 5군으로 나눌 수 있다. 특히 가을에 숙성하고 과실이 아름다운 꽃이다.

### 1. 오색군(五色群)
열매의 성숙에 따라서 초록, 자주, 노랑, 주황, 빨강으로 색이

▲관상용 종류인 오색 고추

변화한다. 관상용으로서 많이 재배되고 있다.

### 2. 가실군(榎實群)
열매의 형태가 둥근형으로 관상용과 매운 맛을 내는 실용성을 겸해서 재배되어지고 있다.

### 3. 팔방군(八房群)
열매의 형태가 방상형(房狀型)으로 관상용과 매운 맛을 내는 실용성을 겸하고 있다.

### 4. 복견군(伏見群)
잎고추, 절임용으로서 재배되어진다.

### 5. 매손톱군(鷹瓜群)

매운맛용으로서 오랫동안 수확하는 외에 피클용으로서 많이 재배되고 있다.

## 재배 방법의 포인트

### 파종

5월 상순부터 6월까지 파종을 할 수 있으며 본잎이 5~6장 나왔을 때 이식해서 키운다. 이때는 화분이나 직접 화단에 심는 방법이 좋으며 관상용과 식용을 겸하면서 목적에 맞추어서 재배하도록 하는 것이 좋다. 어느 고추나 가을에는 아름답게 색깔이 든다.

# 모란채

파종⇨7월 하순–8월 상순
관엽기⇨11월 중순~3월
과명⇨평지과(씨앗에서 기름을 짜냄)
원산지⇨유럽

### 겨울 화단의 재료

정월용으로 모란채를 가득 재배하는 것이 좋다. 채소인 배추와 같은 종류로 옛날부터 만들어진 화초이다. 단지 오늘날 모란채의 계통은 근대에 들어와서 만들어진 것으로 현재로는 더욱 우량 품종이 나오고 있다.

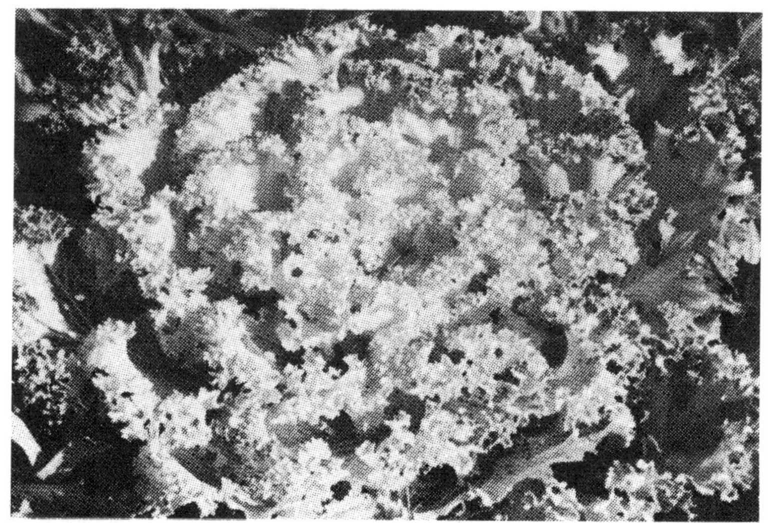

▲티리멘계의 모란채

## 계통과 품종

모란채를 구분하면 동경환엽(東京丸葉), 오오사까 환엽(大阪丸葉), 주름진 것의 계통으로 구분되고 각각 홍색과 백색계를 중심으로 발달하고 있다.

### 동경환엽계(東京丸葉系)

잎이 물결 무늬가 아니라 둥근 모양을 띠고 잎은 짧고 내한성이며 물오르기도 좋기 때문에 화단 외에 꽃꽂이로도 이용된다.

### 오오사까 환엽계(大阪丸葉系)

잎이 동경환엽(東京丸葉)에 비교해서 약간 파상이며 추위에

▲2년째에도 2년째 모란채로서 관상을
  할 수 있다.

▲봄에 따뜻해진 꽃싹이 자라기 시작
  해도 아름다운 잎색을 띄는 모란채

강하고 꽃꽂이, 화분, 화단에 이용되고 있다.

### 주름진 계통

주름진 잎이 되는 종류로 색채가 선명하고 화분, 화단에 이용된다. 이상 세 종류로 일대교배한 우량 품종도 있다.

## 재배 방법의 포인트

### 파종

7월 하순~8월 상순의 파종이 보통인데 화단용이라면 다소 늦게 뿌려도 된다. 작다면 작은 나름의 이용 방법이 있기 때문이다. 씨앗은 상자에 파종하거나 혹은 다량의 경우는 노지에서 상자 파종을 하고 두 배의 부토를 해주면 3~4일로 발아한다.

얽힌 부분은 솎아주고 1~2cm 간격으로 해서 웃자람을 방지하도록 한다.

### 옮겨심기

씨를 뿌리고 10일째 정도에 본잎 2~3장이 나왔다면 5~6cm 간격으로 이식하고 게다가 파종 후 1개월 정도 후 본잎 10장 정도 나왔을 때 포기 사이를 30~40cm 간격으로 옮겨심어 키운다. 11월에 들어와서는 필요에 따라 화분이나 화단에 심어 관상할 수 있다. 모란채는 자란 후에도 이식을 비교적 쉽게 할 수 있으며 추위에도 견디기 때문에 겨울 화단용으로서의 효과를 올리는 것이 된다.

### 비료

10월 하순 때까지 질소질의 비료분은 작게 해주는 것이 모란채의 잎색깔을 좋게 하는 것이 되기 때문에 원비를 작은 소량으로 하고 육성에 따라서 잎색을 관찰해서 질소·인산·칼리가 포함된 복합비료를 주도록 해서 키우도록 한다. 겨울 화단에 이용된다는 점에서 인산 칼리분은 겨울을 넘기기 위한 중요한 비료가 된다.

### 병충해

어린 묘종일 때 입고병 발생을 막기 위하여 파종판이나 상자 흙도 청결한 것을 이용하는 것이 좋다. 이 외에 베토병의 발생을 보면 잎색을 나쁘게 하므로 다이센 600배액을 살포하여 조기 예방에 배려해 주어야 한다. 그외 진디에는 디프테랙스와 에티칸 1000배액을 살포하여 방제한다. 모란채는 11월부터 거울 화단 1월용의 꽃이라고 하듯이 겨울철에는 뭐니해도 모난채를 으뜸으로 꼽는다. 가정 원예에서도 겨울의 화단 재료, 정월의 꽃으로서 우량 품질을 만들어 보기 바란다.

# 피마자

파종⇨4월 중하순
개화기⇨8~10월
과명⇨아주까리과
원산지⇨열대 아프리카

피마자 기름을 짜는 식물로서 알려져 있는데 잎의 줄기가 관상용으로서 아름답기 때문에 재배되고 있다. 특히 생활 재료로서 많이 재배된다.

## 계통과 품종

화초 길이 1~1.2m 정도로 여름부터 가을에 걸쳐, 담황색의 작은 꽃과 잎줄기 혹은 봉우리가 아름다운 모습을 보여주는 종류로 홍색 피마자 등이 있다. 비교적 많은 종류가 있다.

## 재배 방법의 포인트

### 파종

4월 중하순 화단에 직접 씨를 뿌려서 키운다. 만드는 장소는 일광이 좋고 퇴비 등이 든 비옥지라면 그다지 손질을 가하지

▲가을에 줄기잎이 아름답게 물드는 피마자

않아도 잘 자란다. 비료는 지나치게 주면 약해지기 때문에 주의해서 주어야 한다.

그 외

생육 도중에 쓰러지지 않도록 지주 등을 세워주어 관리하면 이윽고 가을이 되어서 잎줄기가 아름다와진다.

# 해바라기

파종⇨4월 상중순
개화기⇨7월 중순~8월
과명⇨국화과
원산지⇨북아메리카

태양의 꽃, 한여름의 태양을 정면으로 받고 피는 해바라기는 건강하고 야성적인 생육이 보기좋은 것이다. 더우기 근년은 고성(高性)·중성(中性)·왜성(矮性)이 있으며 꽃의 형태도 팔중(八重)·일중(一重)·대·중·소의 봉우리가 있으며 여름꽃으로서 많은 사람들에게 사랑받고 있다. 한 그루를 심어도 좋고 집단으로 심어도 좋다. 가정의 대소, 장소를 발견하고 여름꽃으로서 매년 피우게 하자.

## 계통과 품종

화초 길이
꽃의 줄기가 발달하여 재래의 야성미 있는 해바라기가 해마

▲아름답게 활짝 핀 해바라기

다 적어져서 쓸쓸한 느낌도 든다. 좋은 꽃으로서 다음과 같은 것을 많이 만들 수 있다.


라디언 자이언트
해바라기라고 하면 일반적으로 자주 보이는 것이 1.5~2m,

꽃줄기 30~40cm정도인데 이 라디언 자이언트는 화초 길이 4 m, 꽃의 직경 60cm정도나 되는 점보 해바라기이다.

### 귀여운 해바라기

화초 길이 1.5 m, 꽃의 직경 5~10cm. 이 종류는 한 그루에서 여러 줄기를 내는 것 외에 상부에서도 분지해서 많은 꽃을 피우고, 만개했을때는 훌륭하다.

### 들해바라기

화초 길이 60~150cm, 꽃의 직경 5~7cm 정도의 것으로 분지해서 줄기에 다수의 꽃을 피운다.

이 외에 거대(巨大)송이 종류로 황금색의 한 겹꽃, 화초의 키가 2 m 이상 되는 해바라기 태양, 중간 봉우리로 8겹으로 피고 화초 길이 1 m에 내외의 크기로 꽃을 가득 피우는 선 골드 등 많은 품종이 있다.

## 재배 방법의 포인트

### 파종

4월 상중순에 화단에 40~50cm 간격으로 2~3알씩 씨를 뿌리고 발아하여 생육이 좋은 것을 한 그루 남겨서 키우는 방법과 상자에 파종해서 본잎 2~3장 때에 한 번 이식해서 화초 길이가 15~20cm가 되었을 때 완전히 옮겨 심어서 키우는 방법이 있다. 또한 후자의 완전히 옮겨 심을 때에 화분에 심어 꽃을 피우는 것도 재미있는 것이다.

비료

원비에 퇴비를 넣고 화학성 비료를 한 그루 당 한 번씩 주면 훌륭한 꽃이 핀다.

병

진딧물병, 반점병 등이 발생한 경우에 다이센이나 만네브 다이센을 살포해서 방제한다. 단 그다지 큰 피해를 받지 않도록 한다. 해바라기는 영국 이름이 선 플라워에 어울리게 여름날 가득히 피워주기 바란다.

# 페츄니아

파종⇨4월 중순–7월
개화기⇨6월～9월
과명⇨가지과
원산지⇨남미, 브라질, 아르헨티나

페츄니아는 개개의 꽃을 잘 관찰하면 꽃의 수명은 기껏 2–3일 정도인데 계속 꽃이 피어 화단과 화분 심기로서 오랫동안 꽃을 관찰할 수 있다는 점에서 많은 사람에게 친숙해져 있다. 이 페츄니아는 장일성(長日性) 식물로 일조가 대개 14시간이 한계가 되며, 일조가 9–10시간 이하로는 봉우리를 피울 수가 없다. 자연 상태로의 개화기는 6월–9월이 된다. 이 시기가 페츄니아의 관상기이기도 하다.

## 계통과 품종

▲초여름 화단에 피기 시작하는 페튜니아

한 겹 피기

8겹 피기 혹은 작은 봉우리, 중간 봉우리, 큰 봉우리가 있고 각각의 색깔별 혹은 품종이 발달하고 있다. 페튜니아는 장마비가 계속되면 꽃이 썩는다고 하는 결점이 있으며 8겹 봉우리, 한 겹 봉우리는 화분에 심어서 비가 맞지않는 곳에 두고 관상한다든지 소·중 봉우리 종류는 화단용으로 쓰인다는 등의 사용 구분이 중요하다.

## 재배 방법의 포인트

파종과 발아의 조건

발아를 위해 20℃정도의 온도가 필요하며 대부분의 품종은 씨를 뿌려 흙을 덮으면 발아 불량이 되기 때문에 덮는 흙을 적

▲플라워 포트, 화분 심기에 잘 이용되는 페츄니아와 사르비아, 아겔
라함

게 하고 유리나 신문지로 덮도록 하며 약한 빛으로 싹을 틔게
하여 키우도록 한다.

씨앗은 가늘어서 1㎜로 약 600알 정도 있기 때문에 소량씩
뿌리는 연구가 필요하다.

보통 파종은 원칙적으로 평평한 화분을 이용하여 화분 속에

굵은 흙을 넣어 배수를 좋게 하고 부엽토를 1, 가는 흙 2의 비율의 흙으로 소량의 초목재(灰)를 5mm의 체를 통해서 화분에 넣고 고르게 하여 표면에 씨를 뿌리면 싹이 잘 나온다. 씨앗을 뿌리고 나서 대개 40일 정도가 되면 임시로 옮겨 심어주고 거기다가 묘종 육성 화분에 옮겨 크게 키우고 나서 화단과 화분에 완전히 옮겨 심어서 관상하도록 하면 실용적인 것이다.

정리하면 파종 옮겨심기, 개화기는 다음과 같이 된다.

장마기와 한 여름의 더위에는 왕성한 꽃의 상태는 기대할 수 없기 때문에 페츄니아 화단을 오랫동안 즐기기 위해서는 3-4회정도 사이를 두고 씨를 뿌려 옮겨심고 개화를 되풀이 하도록

▲평평한 화분을 이용해서 묘종 만들기

하면 페츄니아 꽃이 있는 집이라고 하듯이 특색 있는 페츄니아 가꾸기를 즐길 수 있다.

### 병충해

반점병의 발생에는 다이센 400배액, 모자이크 병은 뽑아내고 해충으로는 야도충, 애벌레의 포살과 DDVP 1000배액의 살포에 의한 방제 방법이 있다. 화단용으로는 비교적 튼튼한 품종이 나돌고 있기 때문에 화단용은 화단용을 사용하고 화분 가꾸기는 비가 맞지 않도록 한다는 것처럼 품종과 꽃모양에 의하여 구분해서 사용하는 페추니아 가꾸기의 관리가 중요해진다.

# 봉선화

파종⇨4-6월
개화기⇨7~8월
원산지⇨인도, 중국 남부

여름의 화단 재료로서 알맞은 꽃으로 망가진 씨앗에서도 매년 아름다운 꽃이 필 정도의 튼튼한 화초이다. 최근은 봄에 피는 것으로 꽃의 형태가 큰 것 중 우량화도 있으며 정원 앞의 여기 저기에, 혹은 화분으로 해서 여름의 꽃으로서 그 특징을 살린 관상 방법을 권유한다.

## 계통과 품종

화초 길이 60㎝ 정도로 꽃색도 빨강, 흰색, 분홍색, 보라색,

▲여름꽃으로서 좋은 꽃을 골라 피워서 즐겨보자.

혹은 반접어 들어간 것이 있으며 꽃 형태도 보통 종류 외에 8겹의 동백처럼 피는 것도 있다. 그 중에서도 8겹이 핀 듯한 큰 송이 꽃은 매년 피우도록 하면 어떨까.

## 재배 방법의 포인트

파종

발아 온도가 15-20℃로 상자에 파종하여 본잎 5~6장일 때 20㎝ 간격으로 심는다. 대체 이런 정도의 재배 방법으로도 튼튼하게 자라준다. 단 목적지에 직접 씨앗을 뿌려도 잘 자라고 잘 핀다.

# 마리골드

파종⇨3월 하순-6월 상순
개화기⇨6월 하순~10월
과명⇨국화과
원산지⇨멕시코

▲화초 길이가 큰 아프리칸계 메리골드

▲화초 길이가 짧은 프렌치계의 메리 골드

화단용

화단에 심어서 손쉽게 가꿀 수 있는 실용적인 화초로 귀여운 꽃과 형태, 화초 길이의 고저를 훌륭하게 맞추면 마리골드만으로도 아름다운 화단을 만들 수가 있다. 그외 사르비아, 페츄니아, 왜성(矮性) 다알리아 등과 함께 심어서 키워도 재미있다.

## 계통과 품종

마리골드는 다음의 2가지로 대별할 수 있으며 각각의 많은 품종이 발달하고 있다.

왜소한 종자(화초 길이가 작은 것)

프렌치, 마리골드로 작은 꽃이 많이 피고 포기는 세밀하게 분기하고 게다가 꽃 형태에는 한 겹과 8겹, 색은 노랑색, 오렌지색, 연지색으로 각각 혼합색의 품종도 있다.

### 키가 큰 종자

아프리칸, 마리골드로 화초 길이도 1ｍ 이상이 되는 것도 있으며 오렌지색의 큰 송이, 노랑색, 오렌지, 슈프림 등의 꽃색에 꽃 형태도 카네이션형, 국화형 등이 있다. 또한 최근의 카다로그에는 두 겹의 잡종, 3배체의 품종도 발달하고 실용화되어서 많이 가꾸어지고 있다.

## 재배 방법의 포인트

### 파종

10℃-15℃정도의 온도로 잘 발아하기 때문에 상자에 씨뿌리기, 노지의 판에 뿌리기, 또는 직접 뿌려도 되지만 상자에 뿌리기, 혹은 판에 뿌리기를 하여 본잎 2-3장 때 6㎝간격으로 임시로 옮겨심고 본잎 5-6장 때 완전히 옮겨 심는다고 하는 방법을 권유한다.

이식에도 강하여 개화 중에도 아무렇지 않게 이식을 할 수 있다. 가정에서의 파종은 3월 하순부터가 실용적이다. 꽃의 개화기인데 프렌치계는 묘종을 심을 때부터 꽃을 볼 수 있지만 아프리칸계는 꽃이 늦게 핀다. 튼튼한 꽃이다. 꽃의 형태, 화초의 길이는 기호에 맞추어서 키우는 것이 중요하다.

# 채송화

▲여름 화단을 수놓는 채송화

파종⇨5월 상중순
개화기⇨7~8월
과명⇨쇠비름과
원산지⇨브라질

여름의 화단 재료로서 강한 햇볕과 건조에 강한 화초로 아침 해가 나오는 때에 꽃이 피어 오후 2~3시경에는 꽃이 시들어 버린다. 여름에는 꼭 이 꽃을 가꾸어 보기 바란다. 또한 슈에르라고 하는 품종을 고르면 10월경까지 꽃을 즐길 수가 있다.

## 계통과 품종

한 겹 송이, 8겹 송이가 있으며 각각에 적·황·분홍색, 백색 등이 있다. 보통 봄에 뿌림으로 1년생 화초 취급을 하지만 쥬에르라고 하는 한 겹의 품종은 따뜻한 곳에서는 숙근초 취급을 하기도 한다.

## 재배 방법의 포인트

### 파종

발아에 20–25℃의 온도가 필요하고 자연의 상태에서는 5월에 들어가고 나서 파종을 한다. 씨앗은 미세한 알맹이이기 때문에 상자에 뿌리기를 하고 1주일 정도로 발아하며 묘종이 3㎝ 정도로 자랐을 때 화단에 옮겨심어 꽃이 피게 한다. 강원도 지역 등의 냉랭한 기후 조건인 곳에서는 개화기도 그만큼 길어진다.

# 봄에 심는 구근 화초(球根花草)

봄에 심는 구근으로서 관상할 수 있는 화초를 소개한다. 화단 재료로서 효과가 있는 것과 화초 그것 자체로서의 특징을 활용해서 화초를 관찰한다는 것의 두 가지로 분류하면 편리할 것이다.

(1) 주로 화단 재료로 많이 이용되는 것

칼라, 칼라디움, 크루크마, 칸나, 진져, 제피란사스, 다알리아, 구근베코니아

(2) 주로 화초의 특징을 살려서 이용되는 것

아마릴리스, 글라디올라스, 티글리쟈, 튜베로즈, 로드히 폰키시스 등은 각각의 특징을 살려서 화분 화초, 꽃꽂이로서 이용하면 편리하다.

## 아마릴리스

구근심기⇨3월 중순-4월 상순
개화기⇨5월 중순~6월 상순
과명⇨석산과
원산지⇨열대 아메리카

아마릴리스는 원예종으로서 품종 개량이 많이 성행된 곳곳

▲구근 부근에 양분이 저장되어 있어서 잘 피어주는 아마릴리스

에서 큰 다발의 것이 많이 나오고있다. 가꾸기 쉬운 점도 있어서 가정 원예에서도 몇 그루씩 심어 피어있는 화초의 모습을 많이 볼 수 있다.

## 계통과 품종

큰 다발로 9꽃잎이 피는 크리스마스 죠이, 마자스 데이, 애플 블로섬, 알리 포웨이트, 그외 많은 우량 품종이 있다. 아마릴리스에서는 이들 품종이 일반적으로 가꾸어지고 있다.

## 재배 방법의 포인트

### 구근의 심기와 적당한 곳

햇볕이 좋고 비옥한 흙이 많으며 잘 경작된 퇴비 등이 들어간 푹신푹신한 땅에 큰 구근이라면 포기 간 30㎝, 중간 구근이라면 20㎝, 화분에 심는 경우 5호 화분 이상의 화분에 구근의 점점이 조금 보이는 정도로 흙을 덮어서 키운다. 아마릴리스의 재배 방법은 꽃과 잎이 갖추어지는 것이 중요하며 필 수 있는 한 빨리 심어 꽃잎을 갖출 수 있도록 키운다. 이렇게 하면 줄기만 자라고 꽃만 핀 아마릴리스를 많이 볼 수 있다.

### 이 외의 관리

여름의 건조는 구근의 비대를 둔화시키는 요건이 되기 때문에 밑깔이나 물주기를 해서 건조를 방지해 주는 것이 중요하다. 구근은 10월 하순부터 파서 넣든지 남쪽의 따뜻한 곳이라면 성토로 월동시켜 주어도 매년 좋은 꽃을 피울 수 있다.

# 칼라

구근심기⇨4월 중하순
개화기⇨6월 상순-7월 하순
과명⇨토란과
원산지⇨아프리카

주로 꽃꽂이용으로서 발달해 왔지만, 약한 성질의 것으로 화단, 화분용의 품종도 많이 있다. 요즘은 가정 원예용으로서 많

▲여러 그루 합하면 한층 아름다운 칼라

이 가꾸어지게 되었다.

## 계통과 품종

보통은 푸른 잎 종류가 많은데 선 라이트(황색)처럼 흰색의 반점이 들어간 잎도 있다. 그 외의 품종으로는 카미네(핑크), 알보마큐라(백색) 등이 가정 원예 품종으로서 나오고 있다.

## 재배 방법의 포인트

### 구근의 심기

기온이 낮으면 발아하지 않기 때문에 4월 중하순의 기온 상승을 기다려서 햇볕이 좋은 곳에 뿌리를 심으면 아름답게 자란다. 이 경우의 심기는 포기 간의 사이를 20-30㎝정도로 한다. 또한 화분에 심는 꽃인 경우는 18㎝화분에 한 구근을 심는다.

### 손질

건조에 약하기 때문에 짚을 깔아주고 물을 주어 언제든지 습기있는 상태에서 키우는 것이 중요하다.

### 비료

생육 기간이 길기 때문에 퇴비를 많이 주고, 심기에서 개화까지의 사이에 화학성 비료를 2-3회 추비해서 주면 효과적이다.

### 구근의 파내기

꽃이 끝나고 잎이 무성한 상태로서 10월 중순이 되었다면 구근을 파내서 말린 다음 봄까지 상자에 넣어서 따뜻한 곳에서 얼지 않도록 월동시켜 매년 이용하면 편리하다. 단 따뜻한 곳에서는 흙을 쌓아주는 정도로 월동할 수 있다.

## 칼라디움

구근심기⇨4월 중순
관엽기⇨7~8월
과명⇨토란과

▲여름에 시원함을 부르는 관엽을 목적으로한 칼라

원산지⇨브라질, 페루

봄에 심는 구근 화초로서 취급했다. 칼라디움도 관엽을 목적으로 해서 가꾸어지는 것으로 여름에 서늘함도 부른다는 느낌에서 상당히 정서가 있는 것이다. 여러가지 잎색깔의 품종이 발달하고 있으며 원종에는 상당한 관상 가치가 있어서 많이 이용되고 있다.

## 계통과 품종

잎면에 청록색의 맥간이 있으며 흰색 또는 빨강색의 반점 등이 있으며 게다가 빨강, 분홍, 흰색, 녹색 등 여러가지 품종이 발달하고 있다.

## 재배 방법의 포인트

### 싹내기

저온에 약하기 때문에 기온이 오를 4월 중순에 평평한 화분에 모래만으로 해서 심고 18℃정도로 기온을 지키도록 해서 물을 주어 싹을 나게 한다. 이윽고 싹이 2-3cm 정도로 자랐을 때 화분에 심어서 크게 키우고 관상하도록 한다. 이 경우 화분에 심는데 사용하는 흙은 별도로 선택하지 않지만 부엽토와 하천 모래를 1대 1의 비율로 혼합해서 12-15cm 화분에 싹이 나온 것을 심도록 하면 좋은 결과로 연결된다.

### 비료

비료는 유기질의 깻묵, 계분(닭똥), 잎색과 나무의 모습을 보고 속효성의 요소와 하이포넥스 등의 비료를 주어 관상 가치를 높일 수 있도록 키운다.

### 그 외의 관리

한여름의 직사일광은 잎을 말리게 하므로 강렬한 직사일광을 피하게 하는 것과 또한 극단적인 그늘에서는 웃자라서 관상 가치가 반감해 버리기 때문에 아침과 저녁은 햇볕에 두고 한여름은 반음지나 실내에 두는 방법으로 오랫동안 즐기는 것이 관엽의 중요점이라고 할 수 있다. 이 식물도 불내한성이기 때문에 구조의 저장에는 주의하도록 해야 한다. 그러나 많은 사람은 매년 구근을 사서 키우는 반성품이 실용적이다.

# 칸나

▲여름부터 가을까지 개화기가 긴 칸나

구근심기⇨3-4월
개화기⇨7월에서 서리내릴 때까지
과명⇨생강과
원산지⇨남미, 열대 아시아, 아프리카

한여름부터 가을 화단에 적·분홍·황색, 화초 길이가 크다, 작다, 잎색의 변화 등을 맞추어서 심어 관상하는 것이 일반적인 것이다. 물론 한 가지 색깔이나 한 줄기만을 심어도 아름다운 것이다.

## 계통과 품종

칸나의 품종은 세계에서 50종 이상이 있다고 하며 현재의 칸나는 다수의 교잡에 의해서 생긴 것이다. 고성종(高性種)은 2cm정도, 왜성종(矮性種)은 60~80cm정도가 되며, 각각 별색의 품종이 많이 발달하고 있다.

## 재배 방법의 포인트

### 구근 옮겨심기

햇볕이 좋은 곳에 직경 40-50cm, 깊이 30cm정도로 심고 퇴비와 화학성 비료를 혼합한 위에 구근을 옮겨심도록 한다. 이식(옮겨심기)을 할 때에는 화초 길이, 색, 잎색 등 주변의 사정에 어떻게 하면 매치하는지 어떤지를 배려해서 심으면 효과적이다.

### 관리

이식 후는 제초와 월 1회 정도의 화학성 비료, 한 줌씩의 추가 비료로 훌륭하게 꽃이 피는 튼튼한 품종이다.

### 구근의 파내기

10월 하순경이 되면 꽃도 끝나고 11월에 들어가면 구근의 월동 준비를 한다. 추운 지방에서는 파서 건조시킨 후 5℃이상 으로 유지하도록 한다.

# 글라디올라스

구근심기⇨4-6월
개화기⇨7~11월
과명⇨붓꽃과
원산지⇨지중해 연안, 남아프리카

글라디올라스는 심고 나서 대체로 100일 째 정도에서 개화 한다. 4월에 들어가면 7-10일 걸려 10구근 정도씩 심으면 7-10 월까지 차례로 꽃을 관상할 수 있다. 품종이나 색채도 풍부한 것으로 6월은 적 · 황 · 분홍색의 순, 7월은 핑크, 보라, 홍색의 순으로 계획적으로 심는 등 연구해서 꽃을 피워보면 좋을 것이 다.

## 계통과 품종

적색의 것⇨아이어 브랜드, 모칼 산스지 등
분홍색⇨프랜드 싶, 와일드 로즈
황색의 것⇨옐로우 헤럴드, 스포트 라이트, 골덴 선 샤인 등
청보라색의 것⇨블루 다이아몬드, 퍼플 슈프림 등
흰색의 것⇨스노우 프린세스, 프로펙 세이드리어 등
그 외에 가을에 심는 이른 글라디올라스도 있지만 생략한다.

▲구근 심기를 하고 나서 100일째 정도가 개화기가 되는 글라디올라스

## 재배 방법의 포인트

구근의 심기
성질은 강하고 여름꽃의 왕자로서 호화스런 꽃을 볼 수 있다.

배수도 좋고 햇볕도 좋은 곳이라면 모래질·점질의 흙은 고르는 일없이 잘 핀다. 단, 뿌리가 얕은 성질이기 때문에 뿌리는 충분이 자랄 수 있도록 흙을 잘 덮어 주기 바란다.

### 심기

포기 사이 12-15㎝ 덮는 흙은 3-4㎝ 정도로 하고 4월에 들어가면 심어준다. 4월 상순에 심는 것은 7월 상중순에 개화한다. 5월 상순에 심는 것은 7월 중하순에 개화한다. 6월 상순에 심는 것은 8월 하순(9월 상순에 심는 것은 8월 하순) 9월 상순에 개화가 되기 때문에 목적에 따라서 심도록 하고 오랫동안 이용하면 재미있는 화초이다. 꽃꽂이로 하는 경우는 포기에 잎을 2~3장 남기고 자르도록 한다. 잎을 남김에 따라 새로운 구근이 잘 형성된다. 키운 구근은 다음 해에 사용할 수 있다.

### 구근의 파내기

개화 후 60일 정도로 다음 해의 개화 구근이 되기 때문에 개화기 후 잎이 마르기를 기다려서 파내고 큰 구근은 그대로, 작은 구근은 다음 해에 큰 구근 만들기가 되도록 구분한다. 파낸 구근은 그늘에서 건조시켜 저장하도록 한다. 그 외의 주의사항으로서는 육성 도중 쓰러질 수가 있기 때문에 지주를 세워 훌륭한 꽃을 피게 한다.

# 진저(생강)

구근심기⇨4월-5월 상순
개화기⇨7월 중순~10월 중순

▲정원에 방향을 풍기는 진저

과명⇨생강과
원산지⇨인도, 말레이지아


여름부터 가을에 걸쳐서 꽃줄기의 끝에서 싹상태로 무리지
듯이 꽃이 피고 방향이 좋아 정원에 심어두면 개화기에도 향기

를 즐길 수 있다. 진저는 생강의 종류로 반내한성의 튼튼한 식
물이다.

## 계통과 품종

일반적으로 진저라고 부르고 있는 것은 흰색의 큰송이의 방
향 종류의 콜로나리움 종류이다. 그 외에 가르도네리암스 종류
(노랑꽃), 카르네움 등 많은 종류가 발달해 있다.

## 재배 방법의 포인트

### 구근심기
지하 줄기를 1포기, 2~3개의 싹이 붙은 것은 30-40cm 포기
를 사이로 하여 싹의 정점에서 3cm정도로 흙을 덮는다.

### 여름의 관리
여름의 건조에 약하기 때문에 심은 후는 짚이나 퇴비 등을
깔고 건조를 방지함과 함께 물주기를 한다. 발아를 시작하면
20일에 1회 정도의 비율로 잎색을 관찰하면서 화학성 비료를
추비해서 키우도록 한다.

### 포기 나누기
심은 1년째는 꽃의 수가 많이 눈에 띄지 않지만 가을에 파서
키운 구근을 다음 해는 큰 포기인 채로 심으면 분주하지 않고
훌륭한 포기가 되어 좋은 꽃이 핀다.

# 다알리아

구근심기⇨4월 상순-5월 상순
개화기⇨6월~10월
과명⇨국화과
원산지⇨멕시코

　여름부터 가을에 걸쳐서 다채로운 꽃 형태, 꽃색, 큰송이, 작은송이가 있으며 꽃꽂이, 화분 심기, 화단으로 널리 활용할 수 있으며, 기호에 따라서 다알리아만으로도 훌륭한 화단을 만들 수 있다. 단, 절대 햇볕이 좋은 곳이 아니면 꽃은 피지 않는다는 사실을 염두에 두기 바란다.

싱글송이

카크타스송이

## 계통과 품종

일반적으로 꽃 형태에 따라서 다음과 같은 여러가지의 종류
로 나누어 진다.

◇콜라렛
평평한 꽃잎 한 겹의 안쪽에 작은 부꽃잎이 있으며 꽃잎과
부꽃잎의 색이 다르다.

◇아네모네
평평한 꽃잎 한 겹으로 안쪽에 통(筒)상태의 꽃이 발달하고

있는 정자(丁字) 피기를 말한다.

◇퐁퐁
작은 송이로 13㎝ 이내의 공상태로 피는 꽃형태를 말한다.

◇쇼(폴)
퐁퐁에 닮은 것으로, 큰 송이로 13㎝ 이상의 크기를 말한다.

◇싱글
꽃의 직경이 13㎝이하의 총칭으로 한 겹의 심플한 아름다움을 가리킨다.

이상과 같이 다알리아는 꽃형태에 따라서 나누어지고, 화초 길이도 50㎝이상에서 1.5 m 정도의 화초까지 풍부하기 때문에

다알리아송이

퐁퐁송이

선택할 때도 기호에 맞추어 선택을 그르치지 않도록 연구하기
바란다.

## 재배 방법의 포인트

### 환경

다알리아는 멕시코 원산, 여름의 꽃이라고 말해지고 있다.
그것에 대하여 우리나라의 여름은 더워서 약한 것이 실제의 모
습이다. 어느 쪽인가 하면 가을꽃일지도 모른다.

### 심는 장소

햇볕이 절대의 조건으로 토질은 특별히 고르지 않지만 배수

가 좋은 곳을 좋아한다. 1포기당 면적은 중간 크기의 퐁퐁으로 대체로 50cm 평방, 큰송이는 60cm 평방정도의 면적이 필요하기 때문에 정원의 넓이에 맞추어서 심도록 한다.

### 구근심기

심는 장소는 7-10일 정도로 직경 30cm, 깊이 30cm 정도의 구멍을 파고 퇴비와 낙엽의 유기질을 넣는다. 그런 다음 원비로서의 화학성 비료를 한 줌 정도로 넣어두고 구근의 발아 부위를 위로 하고 4~5cm의 흙을 덮어서 키운다.

### 손질

다알리아는 한 줄기, 한 송이 피우는 것으로 큰 송이는 큰 송이로, 중간 송이는 중간 송이로, 작은 송이는 작은 송이 나름의 꽃을 피우도록 해야 한다.

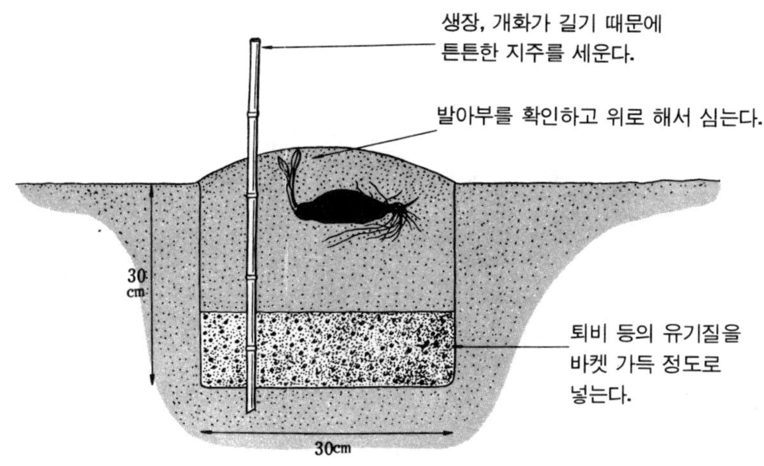


▲다알리아 구근의 심기

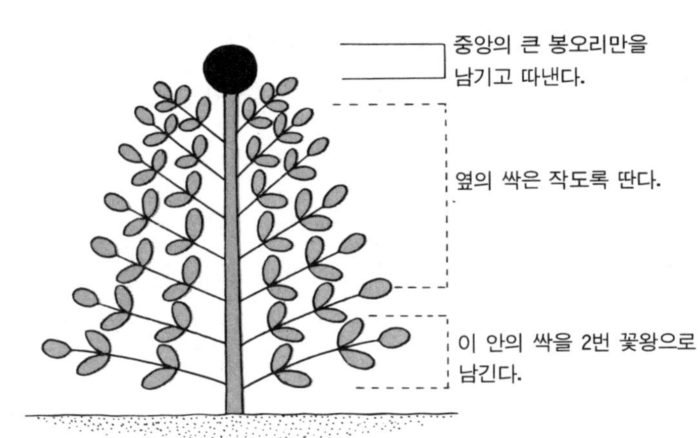



(1) 천화(天花)를 피게 할 때
(큰 송이의 경우)

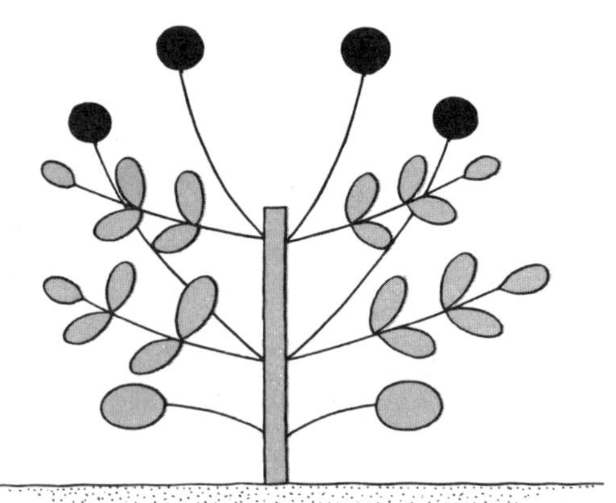

(2) 수많은 꽃을 피게 하는 경우
(소·중 송이는 3~4절로 따내고, 재빨리 옆싹을 자라게 해서 피게
한다.)

다알리아 꽃의 피우는 방법

추비와 물주기

다알리아는 오랫동안 생장 개화를 계속하므로 화학성 비료는 소량(한줌)씩 추비하고 가을의 건조에 대비해서 물주기가 중요하다.

병충해

진드기에는 알카리 등의 살충제를 이용해서 방제한다. 잎줄기를 침범한 반엽병, 암무늬병, 반점병에도 다이센을 살포해서 예방하도록 한다.

# 튜베로즈

구근심기⇨4월 중순-5월 상순
개화기⇨8월~9월
과명⇨석산과
원산지⇨멕시코


별명은 야내향이라고 한다. 꽃줄기가 구근의 정점에서 약 80
-90cm 정도 자라는데, 흰꽃은 싹상태로 붙이고 강한 방향을
피운다는 점에서 이 명칭이 붙은 것이다. 밤에는 특히 강한 향
기를 떨치며 아이리스를 닮은 가늘고 긴 잎으로 8월-9월에
걸쳐서 꽃의 싹을 낸다. 후리지아를 닮은 백색의 작은 꽃은 20
~30개의 싹을 내며 뭐라고 알 수 없는 청결함이 있다. 꽃꽂이
화단에 적합하다.

## 계통과 품종

한 겹과 8겹 피기가 있으며 향기가 좋은 이 꽃은 저녁부터
피기 시작한다.

## 재배 방법의 포인트

구근의 심기
유기질이 풍부한 땅에 4월 중순-5월 상순에 15cm 간격으로
15cm 정도의 부토로 심어주면 비교적 손질을 적게 해도 훌륭한
꽃이 핀다.

▲ 밤이 되면 강한 향기를 내뿜는 튜베로즈

## 한 겹과 8겹 피는 구근의 성질

8겹 피기로 한 번 개화하면 작은 구근이 생기고 1년째로 꽃이 피지않고 2년째에 개화한다. 이 경우의 작은 구근의 양성은 따뜻한 곳이 좋다. 보통은 따뜻한 곳에서 개화 구근까지 키워진 것이 시판되고 있다. 또한 한 겹 피기는 대형의 양성 구근을 이용하면 2~3년 심은 채로 해서 계속 피기 때문에 흙을 더해서 월동을 한다.

# 주로 봄에 포기 나누기를 하는 화초

봄에 포기 나누기를 하는 화초로서 다음에 소개하는 것들은 1,2년 화초 등과 비교해서 화단 재료라고 하기 보다는 가정의 생활 환경에 맞추어서 가정의 일부로 심고, 매년 개화기를 즐기는 방법이 많이 이용되고 있다.

◇화단 재료로서 많이 이용되어지는 것

가베라, 국화, 프리뮬러 폴리안사, 베코니아 센파플로렌스, 테란세라, 리본 그라스

◇가정의 생활 환경에 맞추어서 즐기는 것

부용 종류, 난 종류, 기보우시, 체리나무, 붓꽃, 창포 종류, 털머위, 제비꽃 등을 들 수 있으며 카자니아, 크레마티스, 군자란, 사보텐, 카니바 샤보텐, 프리뮬러, 폴리안타, 베코니아센퍼플로렌스, 제비꽃 등은 화분 심기가 좋다. 단 한꺼번에 확실히 구별해서 관상하는 것이 아니기 때문에 생활 환경에 맞춰서 관상법을 발견하도록 하자.

## 아메리카 부용

파종⇨4월 하순~5월 상순
포기 나누기⇨3-4월
개화기⇨파종에서 7-8월, 포기나누기에서 6-8월

▲ 거대송이로 피는 아메리카 부용

과명⇨아욱과
원산지⇨동쪽은 아시아, 대만, 서쪽은 미국

여름에 차례차례로 거대한 송이의 꽃이 피어 깜짝 놀라게 하는 것이다. 하이비스커스, 트로로아오이, 야채로서의 오크라 등과 같은 종류의 일일화이다. 아이의 얼굴보다 큰 꽃이 계속해서 핀다. 꼭 한 그루가 아니라 몇 그루 합쳐서 가득 피워보기 바란다.

## 계통과 품종

거대송이는 직경 30cm이상이며 꽃색은 백·홍·진홍색·핑크, 각각에 품종명도 붙어있다.

## 재배 방법의 포인트

### 파종

발아 온도가 20−25℃로, 발아하기 까지는 20일 이상 걸린다. 발아에 필요한 종피가 매우 딱딱하기 때문에 75~80℃의 뜨거운 물에 침투하여 식을 때까지 방치한 후에 씨를 뿌리든지 혹은 반대로 냉장고에 넣어 얼렸다가 다시 녹여서 씨를 뿌리면 발아를 촉진시켜 발아율이 높아진다. 그외 농류산에 30~34분 담갔다가 물에 씻은 후에 뿌리는 방법도 있지만 더운 물과 차가운 냉장고의 활용을 권한다.

### 파종은 묘종 육성 화분

파종으로서 본잎 4~5장 때에 1개당 3−4그루 정도의 간격으로 옮겨 심으면 7월이 되면 커다란 꽃을 볼 수가 있다. 만약 꽃이 피지않는 경우라도 다음 해에는 피기 때문에 소중히 키워 보기 바란다.

포기 나누기의 경우 3−4월에 싹이 자라기 시작하기 전의 묘종을 구입해서 심는다. 포기에서의 경우는 파종하는 것보다 꽃이 빨리 피기 때문에 관상기가 그만큼 길어진다. 씨앗에서 키운 것, 혹은 포기 나누기에서 키운 것도 3−5년에 1회 갱신할 작정으로 다시 포기 나누기를 해주면 효과적이다.

### 병충해

색별 혹은 품종에 따라서도 차이는 있지만 담배 벌레의 피해가 큰 것 같다. 만약 담배 벌레가 발생하여 잎이 굽어졌다면 DDVP나 데나퐁을 정기적으로 살포하여 방제하도록 해서 좋은 꽃을 피우도록 한다.

## 아까 판세스

포기 나누기⇨4월
개화기⇨6─7월

▲튼튼한 여름꽃으로서 정원의 어딘가에 심어두면 편리한 **아까판세스**

과명⇨석산과
원산지⇨남아프리카

## 계통과 품종

보통은 보라색의 것이 많이 가꾸어지고 있는데 그 외에 고성종으로 백색만으로 된 8겹의 계통의 것도 있다.

## 재배 방법의 포인트

### 가꾸는 장소

4월에 들어가면 햇볕이 좋은 비옥한 모래땅의 장소에 3-4개의 싹이 붙은 것을 한 그루로 해서 심어서 키우는 방법이 실용적이다. 그 외에 씨앗에서의 경우도 있지만 파종에서 개화까지 2년 이상 걸리기 때문에 포기 나누기가 일반적이다. 이 화초는 포기만 키우고 있으면 그다지 손이 가지 않고 튼튼하게 매년 좋은 꽃을 피운다. 그 외에 겨울이 되면 성토를 해서 추위로부터 막아주어야 한다.

# 중국계의 춘란(春蘭)

보통 중국 춘란이라고 하면 1줄기 1꽃과 1줄기 9꽃의 두 개로 나누어지는데, 매분(梅弁)·수선분(水仙弁)·하하분(荷荷弁)·소분(素弁)·기종(奇種) 등 여러가지 이름의 꽃이 있다.

## 재배 방법의 포인트

▲중국계의 춘란

일본란·중국계 춘란도 닮은 점이 있다. 이들 난(蘭)은 그 성질을 알고 소중히 취급해야 한다. 춘란에는 많은 명인이 있다. 일반적인 것은 적옥토(赤玉土)·녹소토(鹿沼土)·경석(輕石) 등은 혼합한 배양토에 심는다. 그 시기는 한 여름의 7—8

월과 추운 겨울을 제외하면 언제라도 좋은 것이다. 이와같은 곳에서 3~4월이나 9-10월이 여러가지 점에서 관리에 편리하다. 바꾸어 심기는 1년 겨울 정도로 하면 잘 핀다.

비료

봄 가을에 한달에 2-3회, 특히 생육이 왕성한 때는 한달에 4-5회, 시판하는 하이포넥스 한 삽 가득분을 물 2 $l$ 에 풀어서 준다. 노지에서도 화학성 비료를 이용해서 준다. 단, 이들 난은 일반적인 것에서 고가인 것까지 극단적인 차이가 있다. 여기에서는 실용성을 대상으로 했다.

# 가베라

파종⇨4월 중순-5월
포기나누기⇨3월 하순-4월
개화기⇨5월 하순-11월
과명⇨국화과
원산지⇨남아프리카, 아시아의 온대

가베라는 볼륨있는 큰 송이, 꽃의 색도 선명한 것이 나오게 되고 나서는 많은 사람들에게 친숙해져 가꾸어지게 되었다.
씨앗을 뿌리고 나서 4~5개월이 지나면 개화하므로 파종 혹은 포기 나누기로 늘리고 화단과 꽃꽂이로서 이용해보면 좋을 것이다.

## 계통과 품종

▲개화기가 긴 큰 송이꽃 가베라

재래의 한 겹꽃으로 슈퍼 카민, 슈퍼 크림슨, 슈퍼 화이트 등이 있다. 최근은 네델란드에서 수입해온 퍼시픽계의 가베라가 인기이다. 꽃 직경 10-11㎝정도의 거대송이, 한 겹, 두 겹의 두꺼운 꽃잎, 색깔도 적·황·오렌지·분홍·백색이 선명하며 파종이나 포기나누기로 늘어나게 한다.

## 재배 방법의 포인트

재래의 것도 일단 포기 나누기로 하고 여기에서는 수입된 거대 송이계의 것의 파종에서 순서를 종합해 본다.

## 파종

발아 온도가 15~20℃로 문밖에서도 4월 중순－5월에 화분 또는 상자 뿌리기를 한다. 부엽토와 하천 모래를 넣은 청결한 용토를 이용해서 뿌린다. 7~10일 정도로 발아하기 때문에 본잎 1~2장 때에 묘종 육성 화분에 옮긴다. 게다가 본잎 5~6장 때에 30㎝ 간격으로 심거나 화분 심기를 한다. 이 경우 원비에 화학성 비료와 유기질을 넣은 비료분이 풍부한, 푹신푹신한 땅에서 키우면 4월 파종으로 8월 경부터 꽃을 볼 수가 있다.

## 월동(겨울나기)

추위에 반내한성인 것으로 늦가을에 잎이 마르고 나서 뿌리에 성토를 해서 겨울을 나게 하도록 한다.

## 그 외

개화기가 길지만 얽혀지면 습기도 많아지며 병이 생기기 쉽기 때문에 항상 통풍을 잘해주도록 해야 한다.

# 국화(菊花)

꺾꽂이⇨5월 하순~6월 상순
개화기⇨10월 하순~11월 상순
과명⇨국화과
원산지⇨중국, 일본, 한국

▲국화의 세 포기 재배

국화에는 꽃의 크기에 의하여 대국(大菊)·중국(中菊)·소국(小菊)이 있으며, 게다가 용도에 따라서 꽃꽂이 전용, 화분용, 화단용으로 많은 종류가 있다. 한꺼번에 국화라고 나타내는 것에는 여러가지 문제를 남길 것 같다. 하지만 화단의 화초라고 하는 점과, 많은 사람들로부터 가꾸어진다는 점에서 여기에서는 소국의 다듬기와 크게 가꾸기, 대국의 세 그루 손질에 관해서 설명하도록 한다.

## 계통과 품종

일반적으로 가을 국화나 추운 국화라고 하는 생태적인 보기와 꽃형태의 보기 등을 들 수 있는 것으로 생태적인 분류방법과 꽃 형태의 두 가지 분류 방법에 관해서 취급한다.

생태적으로 나누는 경우
가을 국화⇨10월 상순−12월 상순 됨
추운 국화⇨12월 이후−2월에 핌
여름 국화⇨6월 상순−하순에 핌
8월송이⇨7월 하순~8월 하순에 핌
9월송이⇨9월에 핌

꽃모양에 의한 분류 방법
한 겹피기⇨작은 송이의 한 겹피기, 큰 송이의 한 겹피기
아메모네 피기(T자형)⇨작은 송이 아메모네, 큰 송이 아네모네
8겹피기⇨퐁퐁 핀 것, 작은 송이 퐁퐁피기, 중간 송이 퐁퐁

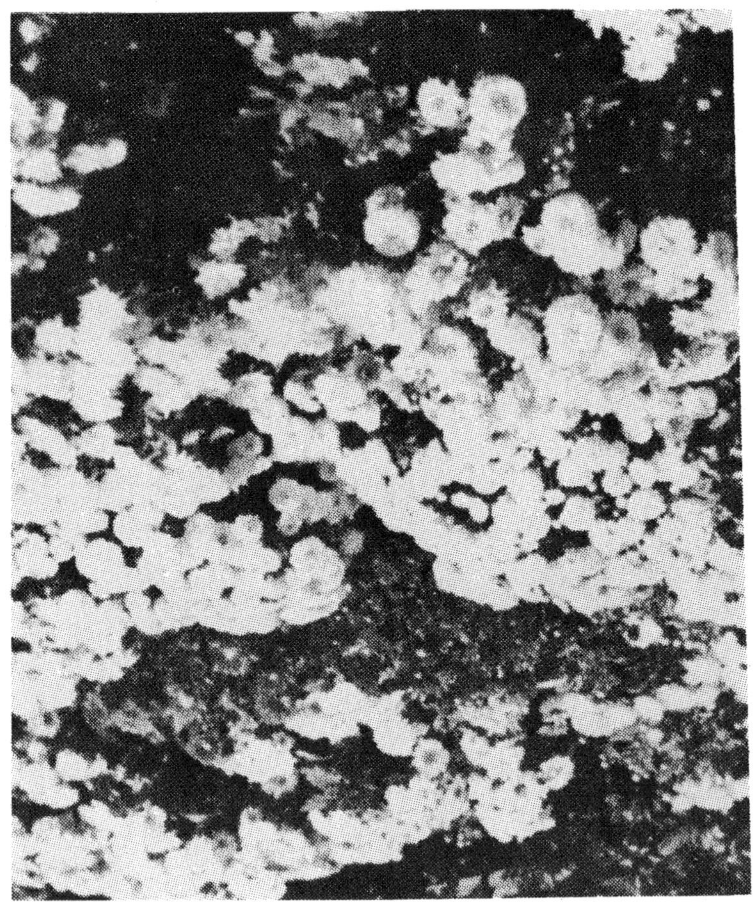

▲국화 다듬기

피기, 큰 송이 퐁퐁피기

　리프렉션 피기의 것⇨작은 송이 리플렉션 피기, 큰 송이 리플렉션 피기

　인커브 피기의 것⇨이레기라 리플렉스 피기, 이레기라 인커브 피기

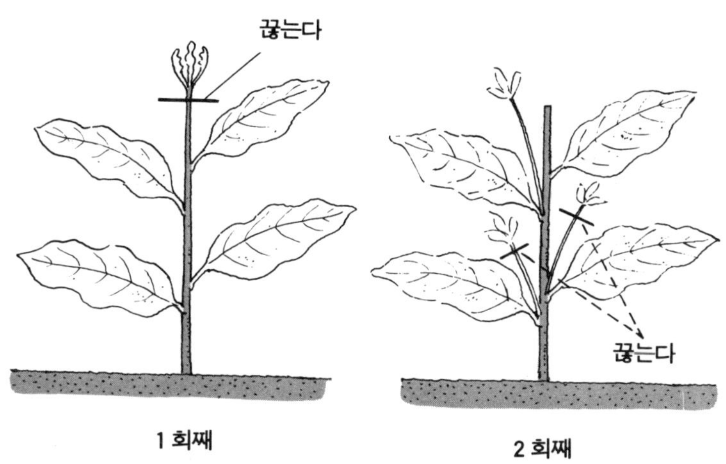



## 재배 방법의 포인트

국화의 간단한 재배 방법의 순서를 종합하면 접목에서 꽃이 필 때까지 대체로 150일 걸린다. 내역은 접촉 30일, 정식 심기 7−10일, 새순 내기 50−60일, 꽃싹의 분화 15일, 봉우리 피기 40일이라고 하고 순으로 개화까지 150일이나 걸리며 보수력(保水力), 보비력(保肥力)이 풍부한 점토질의 적토와 녹소토에 퇴비랑 부엽토를 혼합해서 국화의 일생에 견디는 흙으로 키우는 것이 중요하다.

## 소국(小菊)의 구슬 만들기의 경우

잘 가꾸기의 경우는 5월 하순−6월 중순 정도까지 접목을

행하면 20일~30일 정도로 충분히 뿌리가 나오기 때문에 작은 화분에 (3호화분·화분의 내경 9cm)에 심는다. 이 경우의 사용 흙은 적토, 부엽토 퇴비와 깻묵·뼛가루 등 겨울 동안에 미리 혼합해서 쌓아둔 것은 사용하면 좋은 결과로 연결이 된다. 화분 심기를 해서 활착(活着)하면 곧 그림과 같이 아랫잎 4-5장을 남기고 강하게 싹 따내기를 한다. 그리고 때때로 깻묵(액비로 해서)을 주거나 옆에 비료를 조금 놓아 두도록 한다. 싹이 나오고 줄기가 되고 그 잎이 3~4장이 되었을 때 2~3장을 남기고 다시 따낸다. 이렇게 해서 2~3회의 싹을 따낸 후 싹이 자라면 5~6회 화분에 갈아심고, 그 후로 싹이 자라면 적당한 싹따기를 계속해 동그랗게 가꾼다. 싹따기로 개화기의 50-60일 전, 즉 10월말부터 11월초에 피는 품종이면 9월 상순경에 마지막의 싹따기를 하고 작은 구슬의 가꾸기를 한다.

## 크게 만들기의 경우

크게 만들기의 가꾸는 방법도 2월 중에 동지싹은 작은 화분에 따고 처음의 싹따기는 둥글게 만들기보다 가볍게 딴 후 순서 비료 배양 관리와 함께 싹따기를 되풀이한다. 형태는 현애형·둥근형·양초형·원추형 등 취향에 따라서 가꾸어 준다. 가을까지 싹따기를 해도 50cm~1m정도의 크기가 완성된다.

## 큰 국화(菊花)의 세 그루 양성의 경우

대국은 보통 5월에 접목하여 20~30일 정도로 뿌리가 잘 나기 때문에 둥글게 가꾸기, 크게 가꾸기와 같이 작은 화분에 올

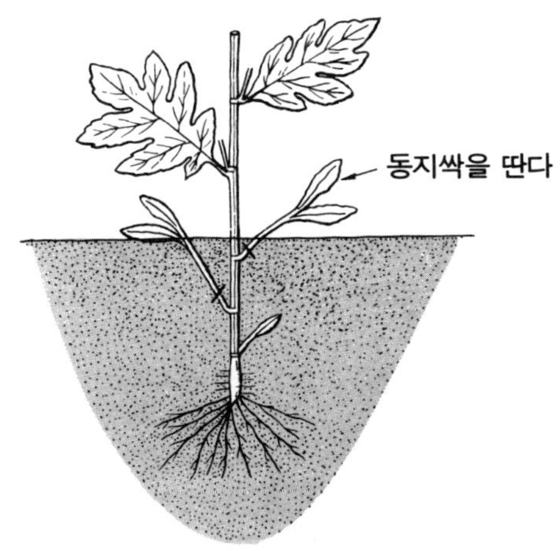



▲ 국화의 동지싹 따기

려 비료 배양 관리해서 10cm정도로 성장했을 때에 싹의 끝은 가볍게 싹따기를 한다. 싹따기 후 옆의 싹이 나왔을 때에 5호 화분(15cm)에 바꾸어 심고 다시 비료 배양 관리를 하면 싹이 갑자기 자라기 때문에 새로운 싹이 쌀알 정도일 때에 손가락 끝 금으로 눌러 준다든지 해서 세력이 같은 것을 세 그루 남긴다. 이번은 철사의 끝을 구부려 줄기에 끌어당겨서 생장의 조절을 재면서 세 그루를 평균적으로 키우도록 명심한다. 7월 중순을 일단의 목표로 해서 본화분(국화 화분)에 바꾸어 심고 생육에 따라서 대나무를 세워준다.

　병충해 가꾸는 방법을 통해서 흑반병과 포트리티스에 다이센, 진딧물에 마라손, 진드기에 살충제 등으로 방제해서 키운다. 국화는 병충해가 발생되어서는 관상 가치가 반감하기 때문에 예방에는 충분히 주의하기 바란다.

# 군자란(君子蘭)

갈아심기와 포기나누기⇨5～6월
개화기⇨3-4월
과명⇨석산과
원산지⇨남아프리카

▲화분꽃으로서 가정에서도 쉽게 재배할 수 있다. 군자란(君子蘭)

군자란(君子蘭)은 청초한 화초로서 이름나 있다. 줄기는 물론 잎과 꽃이 하모니를 이루는 가운데 맑고 깨끗한 인상을 주는 꽃나무이다. 요즘은 개량종이 많이 나와서 그 품종도 상당히 다양해지게 되었다.

## 계통과 품종

보통 화분꽃으로서 달마의 적주(赤朱)의 큰송이로 호화스러운 것이 만들어지게 되었다.

이 계통에는 여러가지가 있지만 씨앗에서부터 자라고 또 씨앗에서 꽃을 보듯이 되풀이 되어진 점에서 식물 자체의 형질이 변해서 좋은 꽃이 생겼다는 것으로 종묘회사 자가채종용 등 변한 것이 많이 있다. 이 중에는 잎에 반점이 들어간 것, 줄이 들어간 것 등도 있다.

## 재배 방법의 포인트

### 겨울 관리

추위에 약하여 5℃정도의 기온 유지가 필요하다. 옥외에 내어놓은 경우는 들여놓는 것을 잊어버려서 단정한 큰 포기가 하룻밤에 못쓰게 되어버리는 일도 있기 때문에 주의가 필요하다.

### 개화(開花) 후의 취급

5~10월까지는 수목의 아래나 반 그늘진 곳에서 관리하도록 한다. 여름 일광은 강하여 잎을 태우는 원인이 되므로 반분 이하만 자를 것, 건조에 대비하여 물주기를 빠지지 않도록 하는

것이 중요하다. 비료는 깻묵을 1개월에 한 번 정도로 주면 될 것이다.

### 바꾸어 심기와 포기 나누기

보통 큰 포기의 바꾸어 심기와 포기 나누기도 5~6월에 한다. 특히 큰 포기의 바꾸어 심기는 1년 터울 정도로 하고 옛날 흙 전부를 바꾸도록 하며 해마다 화분을 큰 것으로 바꾸어서 큰 포기를 보다 훌륭한 포기로 길러준다.

### 파종

개화 후의 5~6일이 되면 호두 크기의 큰 주머니가 있으며 익은 것을 채취하면 5~6개의 씨앗이 들어있으므로 그것을 꺼내어서 씨앗은 모래질의 곳에 뿌린다. 발아까지 30-40일 걸리며 발아한 해는 그대로 해서 다음 해 5-6월 화분에 심고 해마다 큰 화분으로 옮겨 심어가면 4~5년째에 개화 포기가 된다. 씨앗에서의 경우 꽃이 필 때까지 4~5년 걸리므로 느긋하게 키우는 것이 중요하다. 꽃이 한 번 피면 매년 피게 된다.

# 독일 아이리스

포기 나누기⇨7월 초순
개화기⇨5월 중순-6월 상순
과명⇨붓꽃과
원산지⇨원예종

구미산 아이리스의 종류와 교배의 되풀이에 의하여 생겨난

▲ 독일 아이리스

품종이다. 미국에서 개량이 진전되어 꽃도 색채도 풍부한 점에서 화단 꽃꽂이용으로서 일반적으로 가꾸어지게 되었다.

## 계통과 품종

품종은 매우 많으며 어느 것을 심는 것이 좋은가 하고 망설일정도인데 사례로서 몇 가지 품종을 들어보면 다음과 같다. 혼도, 로얄티(청자색계), 비콘, 힐, (블루계), 패스트, 스노우볼(백색계), 파피미팅(등색계), 골덴 개런드(노랑색계), 게이파리(백색에 노란테), 블루 바론(청색계) 등이 있다.

## 재배 방법의 포인트

### 성질
토질은 햇볕이 좋고 건조 기미가 있으며 약 알카리성인 곳을 좋아한다. 지하 줄기를 1개월 정도 방치해 두어도 마르지 않을 정도로 건조에 강하기 때문에 물기가 많은 곳은 피하도록 한다.
### 비료
무비료에 가까운 상태가 좋으며 꽃이 다 피었다면 꽃줄기는 전부 다 버리도록 한다.

### 포기 나누기
3-4년에 한 번 꽃이 끝난 7월경에 잎을 반정도 남기고 버린다. 그런 다음 부채 상태가 된 묘종은 20cm 정도의 간격으로 넘어지지 않을 정도로 얕게 심도록 한다. 화분 심기를 하는 경우는 20cm 화분에 세 포기 정도 심어서 가꾼다.

# 향기좋은 제비꽃

파종⇨10월-11월
포기 나누기⇨4-6월
개화기⇨3-5월
과명⇨제비꽃과
원산지⇨유럽 서부

제비꽃은 세계에 널리 자생하고 있으며 약 400종 이상 있다고 한다. 그중에 원예종으로 인기를 모으고 있는 것이 향기 제

▲ 향기좋은 제비꽃

비꽃과 팬지이다. 여기에서는 향기 제비꽃을 팬지와 구분해서
다루어본다. 향기 제비꽃은 정원의 숙근초로서 키워 꽃꽂이용
으로 방에 들여놓으면 방향을 풍기며 청결한 느낌을 한층 발휘
해 준다.

## 계통과 품종

### 꽃꽂이

정원의 숙근초로서 옛날부터 가꾸어져 왔다. 그러나 최근은
꽃이나 방향이 좋은 품종이 나왔기 때문에 좋은 품질의 것을
종묘상이 발행하는 카다로그에서 선택하거나 전람회 등을 통
해 관상해서 선택하기 바란다.

## 재배 방법의 포인트

### 포기 나누기

꽃이 끝난 후에 포기 나누기를 한다. 시판하는 묘종은 3월~
5월 정도까지 나오기 때문에 사서 목적의 장소에 화분 심기를
해서 키운다.

### 성질

생육의 적온은 16℃정도이다. 그러므로 10월−11월에 햇볕
이 좋은 곳에서 키운다. 또한 여름의 더위에 약하므로 나무 그
늘 아래나 갈대밭 아래에 시원하게 해서 여름을 넘기도록 한다.
겨울의 것은 비교적 쉽게 영하에서도 충분히 월동하지만 여름
관리가 향기 제비꽃의 분량을 결정한다고 할 정도로 더위에는

약한 것이다.

노지에 심는 경우

3·3평방m에 화학성 비료 150g과 유기질(퇴비)을 지표에 뿌려 잘 경작해서 20-30cm 간격으로 심는다.

화분에 심는 경우

4호 화분에 한 그루, 프랜트의 경우는 크기에 의하지만 5~5 그루씩 심는다.

개화기는 3-5월이지만 화분이나 프랜트에서 프레임과 온실을 이용하면 2월부터 꽃을 볼 수가 있다. 프레임과 온실의 경우는 15℃이상이 되면 웃자랄 기미가 보이게 된다. 15℃이하가 되도록 관리하는 것이 중요하다. 튼튼한 꽃이므로 거의 병은 없지만, 만약 진드기의 발생을 보는 경우가 있으면 켈센을 살포해서 방제한다.

# 여름 원예(6 · 7 · 8월)

## 파종하기

겨울부터 봄에 걸쳐서 방을 장식하며 게다가 정원에 내려서 5월 경까지 즐길 수 있는 프리임라폴리안서(6월 뿌림), 팬지, 데이지도 큰 포기로 다듬기 위해서는 8월 중하순에 씨앗을 뿌려서 키운다. 이 시기는 어느 경우에도 더위를 싫어하기 때문에 조금이라도 시원하게 해주기 위해서 차양을 해주는 것이 중요하다.

### 모란채의 파종

7-8월은 가을과 겨울 화단용의 모란채도 상자뿌리기로 하고 본잎 2-3장때 임시로 심어서 더운 여름을 햇볕을 피해서 넘기도록 해준다. 모란채는 해를 받기 쉽기 때문에 살충제를 살포해서 예방과 방제를 잊지 않도록 하기 바란다. 그 외에도 코스모스, 마리 골드, 금련화, 사르비아, 나팔꽃의 파종도 할 수 있다. 이 시기에 씨앗을 뿌린 것은 화초 길이가 다 자라지 않은 채로 짧은 기간의 조건이 되어서 화초의 싹을 갖기 때문에 화초 길이가 낮은 상태에서 꽃이 핀다. 때문에 화단 재료로서 편리하며 어느 종류도 가을의 꽃색이 최고의 아름다움이 되는 것이다.

## 구근(球根)의 심기

▲ 활짝 핀 꽃의 아름다움은 눈의 피로를 잊게 해준다.

구근 화초 중에서 봄에도 가을에도 심지 않고 여름에 심는 구근류가 있다. 이들에는 9-10월에 피는 코리우스, 콜티캄, 스텔론 베르기아, 사프란, 가을에 피는 스노우 프레그 등이 있으며 8월 중에 심으면 단기간에 꽃을 볼 수가 있다.

이들 구근은 큰 규모인 것은 작기 때문에 화분에 심어서 관상하고 화분째로 화단을 장식하는 등으로 이용하고 있다. 화분째로 겨울을 넘기는 방법이 취급상으로도 편리하다. 이 경우 명찰을 붙여두는 것도 잊지 말자. 그 외에 조생의 글라디올라

▲가을의 다알리아는 최고의 색을 낸다. 그 때문에 여름의 손질이
중요하다.

스 등도 이 시기에 구근을 심는다.

## 숙근 화초(宿根花草)

5월에 피는 독일 아이리스, 6월에 피는 하네쇼우브, 숙근 아
이리스등은 꽃이 끝난 7-8월이 포기 나누기가 되며 잎은 2분
의 1에서 3분의 1까지 잘라 버린다. 그런 다음 새로운 싹이 나
는 곳은 하나 하나 본포기에서 잘라내어 옮겨 심어 준다. 은방
울 꽃, 작약의 포기 나누기도 할 수 있지만 이 식물의 포기나
누기는 9월 중하순 정도까지 끝내도록 한다.

## 병충해

6-7월, 특히 장마 때는 병충해가 보이는 시기이기도 하다.

농약은 살포해도 흘러버리는 경우가 많기 때문에 맑은 날 꼼꼼하게 뿌리도록 한다.

## 한여름의 화단 손질

장마가 개이고 한여름의 태양이 내리쬐게 되면 고온과 건조가 계속되는 여름이 된다. 여름 화단은 건조하므로 물주기가 중요하다. 만약 원비료에 퇴비가 충분히 들어가 있지 않은 때에도 피석피석한 모래흙이 되어 건조가 빠르기 때문에 특히 주의하도록 하며, 건조로부터 화초를 지키도록 한다. 이렇게 해

▲거대송이로 활짝 핀 다알리아

서 건조할 때 조금이라도 건조를 막는 방법으로서 지면에 짚을 깔아주면 효과적이며 병충해의 발생 예방도 된다.

## 다알리아의 손질

다알리아는 여름꽃으로서 알려졌지만 실제로 한여름의 고온 아래에서는 수세(樹勢)가 약해서 꽃은 피지 않는다. 그래서 가을에 좋은 꽃을 피우기 위해 8월 상순경부터 지상 30cm정도까지 잘라주고 추비를 해주면 가을꽃이 훌륭하게 피는 것이다.

## 풀 뽑기

장마 시기부터 잡초의 번식도 굉장하다. 커지고 나서부터는 감당할 수 없게 되므로 빨리 풀뽑기를 하는 것이 중요하다.

## 가을에 뿌리는 씨앗과 구근의 준비

여름도 반이 지나면 슬슬 종묘회사의 가을 카다로그가 나오므로 원예 계획을 세워 통신판매 등을 이용해서 씨앗과 구근, 구하는 묘종을 주문하도록 한다. 가을에 뿌리는 씨앗과 구근은 봄꽃으로서 떨치는 것이지만 겨울을 넘기기 위해 내한성의 유무를 확인한 다음 가정 원예에 알맞는 것을 선택해야 한다.

# 가을 원예 (9 · 10 · 11월)

## 파종하기

가을에 뿌리는 화초, 팬지, 데이지, 금잔화, 수레국화, 다이안 사스 등은 봄에 뿌리는 화초와 달라서 씨앗을 뿌리는 시기를 놓치지 않도록 해야한다. 이 시기가 너무 빠르면 지나치게 피우며 너무 늦으면 포기가 커지지 않는 중에 추위가 와버린다. 화초의 종류에 따라서 차이도 있지만 9월 상중순에 집중하기 때문에 주의해 주기 바란다. 하지만 스위트피처럼 10월에 들어 가고 나서 파종하는 것도 있다.

▲ 적정한 기온이 되어야만 꽃은 활짝 핀다.

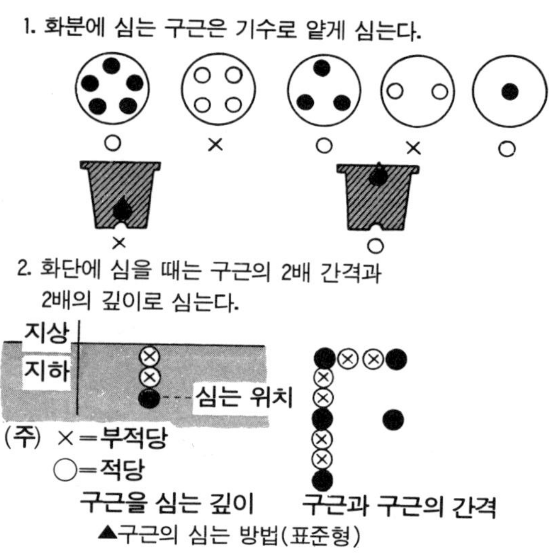



▲구근의 심는 방법(표준형)

# 구근(球根)의 심기

가을에 심는 구근은 파종보다 1개월 늦게, 10월에 들어가고 나서 심는 것이 많으며 그 중에는 12월이 되고 나서 심는 것도 있다. 바비아나, 스파라키시스, 아카시아, 빨리 피는 글라디올리스 등처럼 추위에 약한 종류의 것은 지역차도 있지만 잎이 너무 자라서는 추위에 파손되기 쉬우므로 12월이 되고나서 심는 쪽이 안전한 경우도 있다. 단, 늦게 심는 경우도 꽃은 피지만 꽃 후의 구근의 자람이 나쁘게 된다.

# 숙근초(宿根草)의 포기 나누기

봄화단의 벚꽃, 알메리아 등은 9월 하순부터 10월 상순이 포기 나누기의 적기가 된다. 이 포기 나누기도 파종과 같이 적기는 짧고, 늦어지면 추위 때문에 뿌리 뻗기가 나쁘며 서릿발로 인하여 뿌리가 떠오른다.

## 가을에 뿌리는 화초의 옮겨심기

팬지, 데이지, 수레꽃 등 가을에 뿌리는 1년초나 10월 중에 옮겨 심으면 연내에 뿌리가 뻗고 포기도 커서 다음 해 봄 꽃이 훌륭하게 핀다. 만약 10월 중에 완전히 옮겨심을 수 없는 경우에는 사소한 추위에 약한 것은 10월 중에 묘판을 만들어 5cm간격으로 이식하고, 서리 방지를 해서 월동시켜서 다음 해 봄부터 옮겨심도록 한다.

### 병충해

9월에 들어가면 태풍의 계절이 되어 8월의 가뭄에서 보아 갑자기 비가 오는 날도 많아지기 때문에 장마철의 병충해의 발생 때와 같이 9월도 피해가 많은 시기이다. 특히 태풍의 치중으로 가지가 꺾어진 부분에서 병균이 들어가 피해가 심해지는 경우도 있으므로 농약을 이용해서 예방한다. 이것도 10월에 들어가면 시원해지며 병충해도 갑자기 적어지는 것이다.

## 가을 화단의 손질

가을 하늘이 맑아지면 꽃색이 우아하고 투명해서 아름다와

▲가을 국화는 기온 15℃ 이상 30℃ 이하와 일조시간 13시간 이하 (8월말—9월 상순)의 조건으로 꽃싹이 생겨서 10월 하순경부터 꽃이 핀다.

진다. 가을화단의 좋은 점은 투명한 꽃색은 보는 즐거움을 다한다고 할 정도로 아름다와지는 것이다. 이 중에서도 가을의 국화는 정서가 풍부한 것이다. 가을 화단에도 여름 화단에서 계속해서 피어놓은 사르비아, 마리 골드, 색비름 등 여름의 더위에서 약해진 것을 회복시키기 때문에 9월로 들어가면 화학성 비료 등을 추비해 주도록 한다.

## 구근(球根)의 파내기

다알리아, 칸나, 글라디올라스 등 봄에 심는 구근의 대부분은 추위에 약하므로 가을에 파내어 겨울 동안 얼지 않도록 저장해 둔다. 파내는 시기는 글라디올라스는 10월에 들어가서 잎이 노랗게 물들기 시작하면 파낸다. 마른 잎은 제거하고 충분히 말려서 주머니에 넣어서 집안의 얼지않는 장소에 다음 해 봄까지 저장한다. 다알리아, 칸나는 서리내림과 함께 잎과 줄기가 마르게 두었다가 한 번 서리가 내렸을 때에 파내어 줄기가 남아있는 것은 잘라낸다. 그런 다음 지하 70-80cm인 곳에 모아서 저장하도록 한다. 그다지 춥지 않은 지방은 본 줄기에 30cm정도의 성토로 월동한다.

## 겨울에의 준비

가을에 뿌리는 화초는 추위에 피해를 입을 위험이 있는 것은 프레임에 넣거나 서리 방지를 해준다. 또한 프레임 내에서도 서리가 내리기 시작했다면 야간은 거적을 한 장 걸쳐서 보온해주도록 충분한 관리로 월동해주는 것이 중요하다.

# 가을에 씨를 뿌리는 화초

가을에 씨를 뿌리는 화초는 석산이 필 때가 파종의 중심이 된다. 겨울의 추위에 참고 아름답게 봄의 정원에 피어주는 것이 많기 때문에 이들 화초도 월동 관리에서 구분을 한다.

1. 옥외의 햇볕이나 간단한 프레임으로 월동하는 것
 안개꽃, 금잔화, 고데차, 스위트피, 데이지, 나데시코, 바베나, 팬지, 벤쥬라, 후록스, 루피너스, 물망초, 수레바퀴꽃.

2. 프레임에서 월동하는 것
 카네이션, 스톡, 리빙스턴 데이지.

## 카네이션

파종⇨9월 중하순
개화기⇨6-7월
과명⇨나데시코과
원산지⇨유럽

일반적으로 카네이션이라고 하면 온실 재배의 것을 가리키지만 가정 원예용으로서 생육이 빨라 반년 정도로 꽃이 피기도 하며 간단한 방한 설비로 겨울을 넘기는 씨앗으로서 카네이션이 있다. 이 꽃은 훌륭하게 키우면 온실 카네이션에 떨어지는

▲보통 숙근초 취급을 하지만 씨앗에서도 우량화인 것이 많다. 카네이션

일 없이 훌륭한 꽃이 핀다.

## 계통과 품종

노지 카네이션은 다음과 같은 것이 일반적이다.

자이언트, 샤보종(種)
프랑스의 샤보씨가 개량한 종류는 방향(芳香)이 있으며 꽃색도 빨강색, 짙은 분홍, 흰색 등 풍부하고 4계절 피는 성질의 것도 있다. 화초 길이 70-80cm로 8겹 피는 것이 90% 이상이 되는 것으로 화단은 물론 꽃꽂이로서도 훌륭한 것이다.

도워크, 프래그랜스 종(種)

화초 길이가 낮으며 줄기가 단단한 화단용의 우량 품종이다.

### 그 외

안펜드, 그레나단, 마가렛 종(種) 등 좋은 품질이 있다. 이 중에서도 피그미와스, 왜성(矮性)의 피가디리 등이 있다.

## 재배 방법의 포인트

### 파종

9월 중하순에 모래가 들어간 배수가 좋은 흙을 이용하여 화분 혹은 상자 뿌리기를 한다. 6-7일 정도로 발아하므로 꽃잎 2장 때 6cm 간격으로 이식, 거기다가 본잎 6-7장 때 유기질이 풍부한 아주 비옥한 흙과 배수가 좋은 곳에 30cm간격으로 심어 준다. 석회질을 좋아하므로 석회와 화학 비료로 녹여주는 것이 카네이션을 가꾸는 흙으로서 대단히 중요한 조건이다. 반드시 석회를 넣어 주어야 한다.

### 월동(越冬)

동부 지방에서는 간단한 서리 방지로 월동을 하지만 그보다 북부에서는 4월 중순에 뿌려 6-9월 개화하는 방법이 좋은 것 이다.

### 싹자르기와 지주(支柱)

싹이 자라면 꼭대기 부분에 봉우리가 피는데 한 송이로 크게 피우기 위해서는 옆의 봉우리를 작은 때에 잘라 버리도록 한다. 꽃꽂이의 경우에는 또한 넘어지기 쉬우므로 지주를 세우는 것이 중요하다.

## 안개꽃

▲화단에 여러 그루 모아 피도록 하면 아름다운 안개꽃

파종⇨가을 파종 : 9월, 봄 파종 : 3월 하순−4월 상순
개화기⇨5−6월
과명⇨나데시코과
원산지⇨동구주(東區州), 코카사스

꽃이 작으며 만개 때에 멀리에서 바라보면 안개가 낀 듯한 느낌이라는 의미에서 안개꽃이라고 한다. 줄기와 가지가 가늘며 끝에 무수한 꽃을 피우기 때문에 화단의 뒤에 심거나 집단으로 키우면 꽃의 특징이 살아 아름다운 것이다.

## 계통과 품종

보통은 흰꽃 종류가 많이 가꾸어지고 있지만 홍색, 분홍색과 화초 길이가 짧은 30−40cm 정도의 것, 그 외에 숙근의 안개꽃도 있다.

## 재배 방법의 포인트

### 파종

가을에 뿌리는 것은 주로 9월 중하순, 봄 파종의 경우는 3월 하순~4월 상순이 파종의 적기가 된다. 봄 파종보다 가을 파종 꽃이 훨씬 좋다.

상자 파종은 화분에 심음으로서 묘종을 키운 다음 파종에서 1개월 후 정도의 크기 때에 화단에 옮겨 심어서 키운다.

### 관리(管理)

줄기와 가지가 가늘기 때문에 지주로 세워서 키우거나 묘종이 어릴 때 1~2회 새로운 싹을 따내서 화초 길이를 작게 해서 키우는 두 가지 방법이 있다. 화단의 배치 조건 등에 따라서 다르지만 후자의 방법을 권한다.

그 외
병충해의 발생은 그다지 걱정하지 않아도 될 만큼 튼튼한 꽃이다.

# 금잔화

파종⇨9월 중하순
개화기⇨4월 중순-5월
과명⇨국화과
원산지⇨남 유럽

봄꽃으로서 꽃꽂이, 화단, 화분 심기 등 널리 이용되는 화초로 반내한성이라는 것도 있다.

## 계통과 품종

꽃꽂이용으로는 화초 길이 50~60cm, 화단과 화분용으로는 왜성(矮性) 20cm전후의 것으로 나누어 가꾸면 편리하다.
꽃꽂이용⇨무라지, 오렌지킹, 캠프 파이어 등
화단용⇨도어포오 오렌지, 도어헬로우 등

▲봄화단에 팬지, 데이지 등과 함께 늘어선 대중향의 금잔화

## 재배 방법의 포인트

파종
9월 중하순에 노지의 판이나 상자에 뿌려서 본잎 2~3장이

되었을 때 10cm간격으로 이식, 그후 본잎 6−7장일 때 30cm 정도로 옮겨심어 준다.

완전히 옮겨심기

10월 중순 정도까지 그해 월동을 위한 충분한 뿌리내리기를 하도록 하는 것이 중요하다.

방한(防寒)

따뜻한 곳을 제외하고는 서리 방지의 설비가 필요하다. 비교적 튼튼한 꽃으로 추위에 견디면 봄에 따뜻해짐에 따라 눈에 띄게 성장하고 개화한다. 그외 추운 지방에서도 봄에 뿌려서 7월 상순 정도에서 개화한다.

# 스위트피

파종⇨10월 중순−11월 상순
개화기⇨5월−6월
과명⇨콩과
원산지⇨이탈리아, 시실리섬

꽃의 향기가 좋으며 화색이 풍부하다. 넝쿨 성질을 살려서 기둥 아래로 늘어뜨려 피우거나 여러 그루 합쳐서 피우도록 화초길이의 높낮이, 혹은 적·백·황·자색 등으로 계통과 품종의 특성을 활용하도록 한다. 튼튼하고 아름다운 꽃이지만 씨앗을 원하는대로 받을 수 없는 것이 유감이다. 그렇지만 잊지않고 가을이 되면 색별로 몇 개 구해서 매년 장소를 바꾸어서 피

▲배수가 좋은 곳에서 연작을 피하면 튼튼하고 아름답게 피는 스위
트피

우도록 해보는 것도 좋을 것이다.

## 계통과 품종

17세기 이래 구미에서 개량되어 화색이 풍부한 큰 송이 꽃이 발달하고 있다. 가정 화단용은 봄에 피는 종류의 왜성종(矮性種)이 많이 이용되고 있다.

## 재배 방법의 포인트

### 파종

중부 지방에서 10월의 시원한 기온으로 잘 발아하며 겨울의 저온에 견디며 봄의 긴 날과 기온으로 자라서 아름다은 꽃이

기대대로 피어준다. 이식을 싫어하므로 화단에 직접 씨를 뿌려서 키우든지 육묘 화분에서 묘종을 키워 뿌리를 다치지 않도록 옮겨 심어서 키우도록 한다. 심는 폭은 30 평방㎝에 씨앗에서의 경우 3알 정도 뿌리도록 한다.

### 가꾸는 장소

스위트피도 산성 토양과 습기가 많은 곳은 싫어하므로 매년 가꾸는 장소를 바꾸어서 훌륭한 꽃을 피게 하는 것이 재배 방법의 포인트가 된다. 비교적 튼튼하고 가꾸기 쉬운 꽃이다.

### 병충해

5~6월의 진딧물의 방제로서 마라손액 800배액의 살포 외에 배수가 좋을 것과 연작을 피하는 정도로 병해를 예방해 준다.

# 스톡

파종⇨8월 중하순
개화기⇨4-5월
과명⇨평지과
원산지⇨지중해 연안

향기가 있는 꽃으로서 개화기가 긴 것도 있으며 꽃꽂이로서 많이 이용된다. 노지에서 키우는 것은 겨울이 따뜻한 지방에서만 한해서이다.

## 계통과 품종

▲봄의 방향이 있는 꽃으로서 이용되는 스톡

브란팅계

분지, 가지를 쳐서 가지가 많이 나오는 것.

논브란팅계
한 그루가 서는 계통의 것.

텐위크계
파종에서 7-80일 정도로 피며 화단용의 것이다.
이상 세 개의 계통으로 나누어져 짙은 홍색, 분홍, 흰색, 보라색 등의 품종이 발달해 있다.

### 재배 방법의 포인트

파종
스톡은 본잎이 15~6장의 크기로 15℃ 정도의 온도로 2주간 지나면 꽃의 싹이 생기므로 8월 중하순에 씨를 뿌리고 한 번 이식하고 10월 중순 정도까지 본잎 5~6장의 크기로 키우는 것이 재배 방법의 포인트가 된다. 또한 생육의 적온이 20℃ 정도가 되어 비교적 추위에도 강하지만, 중부 지방에서는 방한 설비를 준비해 주는 것이 필요하다.

# 데이지

파종⇨8월 하순-9월 중순
개화기⇨4~5월
과명⇨국화과
원산지⇨유럽, 지중해 연안

팬지와 함께 봄꽃으로서 화단이나 화분에 심으며 대중적인

▲봄화단용으로서 팬지와 나란히 많이 이용되는 데이지

꽃이다. 개화기가 길다는 점에서 '장수국화'라는 별명도 있다.
원산지 유럽의 여름이 시원한 곳에서는 숙근초가 되지만 보통
가을 파종 후는 1년초 취급을 한다.

## 계통과 품종

화초 길이 15cm의 작은 송이 퐁퐁, 중간 송이, 큰 송이, 거대
송이와 적도홍색, 백농도 등의 품종이 발달해 있다.

## 재배 방법의 포인트

파종
토질을 선택하지 않아도 되지만 중점토쪽이 좋은 포기가 피

기 때문에 8월 하순—9월 중순에 판에 뿌리고 화분에 뿌려 10월 경에 옮겨심어 주며 서릿발이 내릴 때까지 충분히 뿌리를 뻗도록 해주면 꽃이 말라 버려도 염려가 없으며 게다가 서리 방지를 해주면 훌륭한 꽃이 일찍부터 피게 된다.

그 외

원래는 숙근초로 여름은 더위를 피해서 시원한 곳에서 여름을 보내면 매년 동일 개체에서 꽃을 피울 수가 있다. 일부에는 숙근성이 강한 품종도 있다.

# 팬지

파종⇨9월 상중순
개화기⇨3—6월
과명⇨대비본과
원산지⇨유럽

봄이 옴을 알리는 꽃. 봄의 메신저 역할을 다해주는 꽃으로서 화단, 화분꽃, 꽃꽂이로서 많은 사람들에게 친숙해 있다. 그리스 신화에 나오는 팬지는 깨끗한 사랑과 높은 사상을 전달하는 사자로 불리워지듯이 매년 봄의 환희를 옮겨주기 때문에 꼭 키워보기 바란다.

## 계통과 품종

팬지는 가장 오래된 화초의 하나로 유럽에 야생하고 있는 꽃

▲봄의 기쁨을 전달하는 팬지

이었는데 19세기 초기에 영국에서 품종 개량이 행해졌다. 그후 프랑스와 독일에서 특히 적극적인 품종 개량이 행해지고 나서 부터 20세기 초기에 오늘날 볼 수 있는 화색이 풍부한 팬지의 기초가 생겼다고 말할 수 있다.

스위스 자이언트계(큰 송이계)
꽃 줄기 6~8cm, 화초 길이, 포기 길이 20cm의 것으로 농홍 색계, 진보라계, 흰색계, 코로네이션계(황색에 흑색) 등의 품종 이 있다.

토엔티스계(중간송이계)

꽃줄기 6cm정도로 중간송이로, 다화(多花)성으로 포기를 덮는 듯한 형태를 하고 있어서 라이트 블루, 골덴(황색), 마린 블루(보라색), 스카알렛(홍색으로 엷은 흑벽) 등의 품종이 있다.

비올라(작은송이계)

꽃지름 1~1.5cm정도의 작은 꽃이 가득 피며 만개 때는 포기 전체를 꽃으로 덮는다. 아크라이트루비(홍색), 베이비 골드(황색), 블루 에르프(청색) 등의 품종이 있다.

그 외

꽃꽂이용의 품종 등이 있으며 꽃색이 풍부하고 튼튼한 것이 팬지의 특종이라고 할 수 있다.

## 재배 방법의 포인트

### 파종

9월 상중순의 시원하게 된 때부터 화분에 심거나 판에 심어서 키우는 것이 그 후의 육성 상태에서 실용적인 방법이다.(발아 온도 18−20℃) 씨앗을 뿌려서 7−10일 정도로 발아하고 15일 정도로 갖추어 핀다. 다 갖추었을 때에 제 1회에 이식을 하고 본잎이 나오기 시작할 때에 옮겨 심어서 서리 방지를 해서 월동시킨다.

### 비료

2월 이전에 노지에서 액비를 한 번 주는 것이 중요하다. 만약 2월이 지나고 나서 비료를 주면 잎이 지나치게 무성하게 되고 꽃이 피는 것이 늦어지기 때문에 2월 이전의 시비를 잊은 경우라 하더라도 4월에 들어가고 나서 시비하도록 한다.

그 외
3~4월의 개화 중에도 이식은 쉽게 할 수 있으므로 화단에 마음내키는 대로 심기 바란다.

# 양귀비

파종⇨8-10월
개화기⇨4-6월
과명⇨양귀비과
원산지⇨북반구의 온대지방

양귀비는 북반구의 온대지방에서 많이 볼 수 있으며 그 종류도 거의 100종류 이상은 있다고 한다. 관상용으로서는 1·2년생, 숙근초 취급을 하는 외에 일부 약용으로도 이용되고 있다. 그 중에서도 법률로 재배를 금지하고 있는 파파벨, 솜니페람이라고 하는 종류의 아헨양귀비와 목단 양귀비 등도 있다. 보통 가정 원예에서는 시판되고 있는 것을 선택해서 가꾸기를 권유한다.

## 계통과 품종

양귀비의 꽃색에도 빨강, 분홍, 노랑, 주황색 등이 있으며 꽃의 형태와 화초 길이가 큰 도깨비 양귀비, 화초 길이 중간, 꽃

▲ 5월에 큰 꽃을 피우는 양귀비

꽃이 등에 많이 나오는 아이슬랜드 파파 등이 있으며 다음의 종류가 일반적이다.

도깨비 양귀비⇨지중해 연안에서 이란 지방 원산

개양귀비⇨구주 중부 원산
아이슬랜드 파피⇨시베리아 개양귀비가 본명이고 구주 중부
원산

## 재배 방법의 포인트

### 파종

개양귀비는 씨앗이 떨어져 매년 핀다. 도깨비 양귀비, 개양
귀비, 아이슬랜드 파피는 매년 씨를 뿌리거나 포기 나누기로
증식을 한다. 특히 도깨비 양귀비는 포기 나누기가 유효하다.
양귀비는 뿌리가 곧은 성질로 씨앗에서의 경우, 이식을 싫어하
지만 그 중에서도 개양귀비는 이식을 싫어한다. 그 외의 것도
어린 묘종일 때는 바꾸어 심기를 할 수 있지만 육묘 화분에서
키워 뿌리를 다치지 않도록 목적지에 바꾸어 심는 방법이 편리
하다.

### 파종과 씨앗

아이슬랜드 파피와 산개양귀비는 15℃이상에서는 발아하지
않기 때문에 10월에 들어가고 나서 파종이 된다. 양귀비 그것
은 비교적 가꾸기 쉬운 것이지만 비료분이 적은 배수가 좋은
장소에 30㎝ 간격이 되도록 연구해서 키워주는 것이 효과적이
다. 많은 사람에게 꽃꽂이 화분 심기, 화단에 이용되는 대중꽃
이기도 하다.

### 그 외

실제로 가꾸어 보면 개화기나 꽃의 크기도 다르기 때문에 그

특성 등에 관해서 알아보기로 한다.

도깨비 양귀비⇨개화기 5~6일, 화초 길이 1m, 화경10cm, 한 겹과 8겹의 꽃 형태로 선명한 분홍색, 배홍색의 품종도 발달해 있다.

산개양귀비⇨개화기 5~6월, 화초 길이 1~1.4cm, 화경9cm, 일견 도깨비 양귀비와 비슷하지만 봉우리 아래에 작은 잎과 같은 주머니가 있기 때문에 도깨비 양귀비와 구분할 수 있다. 개양귀비, 아이슬랜드 파피, 산개양귀비 등도 개화기가 4-5월이다. 화초 길이, 꽃지름 모두 도깨비 양귀비에 비교해서 소형의 느낌이 들며 각각의 특징을 발휘한다.

## 물망초

파종⇨9월 하순-10월 상순
개화기⇨4월-6월
과명⇨자주람의 상풀과
원산지⇨유럽

내한성이 강한 튼튼한 꽃이다. 이꽃에 얽힌 유명한 이야기가 있다. 루돌프와 베르타라는 연인이 봄의 저녁 무렵에 다뉴브강의 근처에서 사랑을 나누며 걷고 있었다. 그때 베르타가 강가에 피어 있는 파랗고 작은 꽃이 갖고 싶다고 했다. 그래서 루돌프는 절벽을 내려가서 꽃을 꺾은 순간 발이 미끄러져서 급류에 휘말렸다. 그때 루돌프는 최후의 힘을 짜내서 파랗고 작은

▲ '나를 잊지 말아주오' 라는 꽃말을 지닌 물망초

꽃을 하천가에 던져 「forget me not」이라고 외치며 흘러갔다고 하는 이야기가 바로 그것이다. '나를 잊지 말아줘요'라고 외치면서 사랑하는 연인을 두고 죽어간 그의 말대로 그 꽃을 '물망초'라고 이름 붙인 것이다.

## 계통과 품종

5월의 화단에 화초 길이가 짧으며 무성한 파란 꽃이 중심이다. 흰색, 핑크 무늬가 들어간 잎도 있다.

## 재배 방법의 포인트

### 파종

튼튼한 꽃이지만 씨앗의 발아에는 조건이 있으며 9월 하순부터 10월 상순의 15℃전후의 시기가 파종 적기가 된다. 20℃에서는 발아하지 않는다. 15℃이하에서는 발아가 둔하기 때문에 파종의 시기가 한정된다는 것을 알아야 한다. 씨앗은 빛을 싫어하기 때문에 충분한 흙덮기를 필요로 한다.

### 발아

씨앗을 뿌리고 나서 10일 정도로 싹이 나와서 20일째 정도로 갖추어 나오기 때문에 일찍 심는 폭을 넓혀 월동시키고 봄의 개화를 기다리도록 한다.

화분 심기, 화단용으로서 쉽게 가꿀 수 있으며 특히 화단에서는 여러 그루 합쳐서 피워주면 좋다. 귀여운 꽃이 오랫동안 계속해서 핀다.

# 수레국화

파종⇨9월 상중순
개화기⇨4월 중순-6월
과명⇨국화과
원산지⇨유럽 동남부

꽃꽂이, 화단, 화분용으로서 널리 이용되고 있다.

## 계통과 품종

원산지에는 약 500종 정도 있다고 하지만 추운 곳에서 피는
큰 송이 8겹피기, 왜성(矮性) 8겹피기, 섞어피기 등이 일반적
으로 가꾸어지고 있다.

## 재배 방법의 포인트

### 파종
판에 뿌리기, 화분에 뿌리기가 있는데, 이 경우 어린 묘종일
때 11월 상순 정도에 옮겨 심거나 화단에 직접 씨앗을 뿌린다.
발아 온도가 20℃전후이다.

### 토지
햇볕이 좋은 곳이라면 토질은 골르지 않아도 된다. 비료분이
풍부한 땅보다 노쇠한 땅 쪽이 튼튼하고 좋은 꽃을 피운다.

# 가을에 심는 구근 화초(球根花草)

가을에 심는 구근 화초는 직접 화단에 심거나 화분에 심어 두고 꽃이 필 시기에 화단에 화분 째로 혹은 화분에서 꺼내서 심는 방법이 있다. 이 각각의 품종을 편리상 화단용과 각각의 특징을 살려서 이용하는 것으로 나누어 보면 다음과 같이 된다.

1. 화단 재료로서 비교적 많이 심고 싶은 화초

아네모네, 크로커스, 수선, 스노우 플랙, 히야신스, 튜울립, 무스카리, 백합.

2. 꽃의 특징을 살려서 이용하는 화초

아이리스, 아리움, 이키샤, 오니소가람, 오키자리스, 콜티감, 사프란, 실러, 스노우 드롭, 슈퍼 라키시스, 바비아나, 후리지아, 브로디아, 라난큐라스, 리코리스.

## 아이리스

구근 심기⇨9월 중순－10월 중순
개화기⇨4월 하순－5월 상순
과명⇨분꽃과
원산지⇨지중해 연안 모로코지방

몇 개인가의 원종에서 교배 개량된 구근 화초로 마지막에 네델란드에서 많이 가꾸어지게 되어 오늘의 구근 아이리스가 성

▲4월 하순부터 5월에 걸쳐서 급히 성장을 보이고 피는 구근 아이리스

립되어 꽃꽂이랑 화단에 많이 가꾸어지고 있다.

## 재배 방법의 포인트

구근 심기

가을의 시원함으로 휴면이 깨지고 뿌리가 내리기 시작하기 때문에 15cm간격, 깊이 10cm로 심는다.

지온 17~18℃정도가 되면 갑자기 뿌리가 자라 싹도 어느 정도 자라지만 겨울의 추위에서 그대로 월동하고 춘3월경부터 싹이 자라 잎수도 늘고 꽃싹이 발육하고 4월에 갑자기 자라서 개화한다.

### 화분 심기

4호 화분이라면 한 그루, 6호 화분은 세 구근, 부엽토와 흙을 섞은 것을 이용해서 심고 키운다.

### 구근(球根)의 파내기

개화한 구근은 그 꽃지름(화경)의 기부(基部)에 새로운 구근을 크고 작은 것 5개 정도가 달리게 한다. 큰 구근을 다시 가을에 심는 것으로서 이 경우의 소구근은 증식용으로 한다.

# 아네모네

구근 심기⇨9월－10월 하순
개화기⇨4월 상순－5월 하순
과명⇨미나리아재비과
원산지⇨지중해 연안

### 봄의 화단, 화분꽃

프랜트에 한 겹송이, 반8겹송이, 정자(丁字)송이 등이 있으며 빨강, 분홍, 흰색, 보라색, 우천과 일몰 후는 꽃을 닫아 버리기 때문에 햇볕이 좋은 곳을 골라서 만들면 훌륭하고 선명하게 아름다움을 오랫동안 과시해 준다.

## 재배 방법의 포인트

### 아네모네의 구근

일반적으로 시판되는 것은 실생 구근이라고 하며 1구근당

▲차례 차례로 꽃이 계속 피는 아네모네

직경 1cm전후의 흑갈색의 주름살 투성이의 구근인데 튜울립
등도 아무리 큰 구근이라도 한 송이 밖에 피지 않지만, 아네모
네 구근은 평평한 쪽을 위로해서 심도록 하면 작고 시든 듯한
구근이라도 5~6송이의 큰 꽃을 피운다.

## 구근 이식

9월 중순 정도가 이식 적기로 튜울립과 히야신스는 구근에
저장되어진 양분으로 충분한 꽃이 피는데 아네모네는 가운데
잎이 자라 그 동화 양분으로 봉오리를 만들기 때문에 이식 시
기가 중요하게 된다. 할 수 있는 일이라면 10구근 정도를 단위

로 해서 모아서 심으면 좋을 것이다. 이 경우의 구근 간격은 12㎝간격으로 3㎝정도의 흙을 덮어서 키운다.

### 월동

아네모네의 잎은 강한 서리로 상해도 다시 자라난다. 중부 이남이라면 그대로도 좋겠지만 할 수 있다면 서리 방지를 해주면 좋다. 양지라면 3월경부터 슬슬 봉오리를 가지게 된다. 4월 경에는 차례 차례로 꽃을 관상할 수가 있다.

# 크로커스

구근 심기⇨9월 하순−11월 상순
개화기⇨3월−4월 상순
과명⇨붓꽃과
원산지⇨지중해 연안

이른 봄꽃으로서 화초 길이가 낮아 화단, 잔디, 정원 등에서 자연풍으로 피우는 것 외에 화분 심기, 수재배에도 이용되는 튼튼한 꽃이다.

## 계통과 품종

크로커스라고 하면 가을에 피는 것, 겨울에 피는 것, 봄에 피는 것이 있으며 여기에서 취급하는 것은 봄에 피는 것을 주체로 하고 있지만, 가을에 피는 것, 겨울에 피는 것도 시판되고 있다.

▲ 활짝 핀 크로커스

봄에 피는 품종

황, 보라, 백, 섞인 것 등이 있으며 각각에 품종명이 붙어있다.

## 재배 방법의 포인트

### 구근 심기

모래질의 배수가 좋은 곳이라면 잘 핀다. 그다지 손이 가지 않는 것이지만 이식은 극히 자연풍이 되도록 이식하고 자연풍으로 피우는 것이 중요하다.

### 비료

이식 때와 개화 후에 화학성 비료를 주는 정도로 잘 자라며 잘 피어준다. 그외 특히 크로커스를 가꾸는 사람에게서 질문이 많은 것은 잔디에 심어서 2년째까지는 아름답게 피지만 3년째에는 왕성하며, 4년, 5년째에는 전부 사라져 버린다는 이야기가 많다. 이 답은 크로커스의 새로운 구근은, 심은 모구근의 위에 생기기 때문에 해마다 지상부에 겹치는 형태가 되며 이윽고 말라버리는 것이다. 그 때문에 개화 후 모구근 위에서 자라는 새끼 구근을 위해 충분한 흙을 덮어주는 것이 중요하다. 혹은 잎줄기가 마르는 5월 하순부터 6월 상순에 파내 저장했다가 다시 가을에 심는다는 방법을 취하도록 하면 한 번 구근을 입수하면 오랫동안 관상할 수 있을 것이다.

## 사프란

구근 이식⇨8월~10월
개화기⇨10월~11월
과명⇨붓꽃과
원산지⇨지중해 연안, 서아시아

약용 사프란이라고 불리어 지듯이 약용, 염료에도 이용되는데 크로커스의 가을에 피는 종류로 10~11월에 볼 수 있다는 것이며 많은 사람에게 친숙해져 있다.

### 재배 방법의 포인트

심는 장소
배수가 좋은 곳이라면 어떤 곳이라도 키울 수 있는 튼튼한

▲10〜11월에 화분에 심어 관상하고 즐기는 사프란

꽃으로 10〜15cm의 깊이에 심고 꽃을 피운다. 화분에 심는 경우는 구근이 감추어질 정도로 흙을 덮어 피게 한다. 구근의 이용인데 개화 후 시비해 주고 그대로 방치해서 봄에 잎줄기가 마를 때에 파내서 그늘에서 충분히 건조하고 다시 8〜10월에 심어 키워서 꽃을 피우는 방법을 취한다.

## 수선

구근 이식⇨8월 하순〜11월
개화기⇨2〜5월
과명⇨석산과
원산지⇨남구, 중국 연안

▲ 수선화

　수선의 별명인 나르시스는 그리스 신화에서 나온 것으로 나르시스라고 하는 미소년이 있었는데 이 소년은 자신의 얼굴을 보게 될 때까지는 행복할 것이라고 예언하고 있었다. 어느 날 사냥에 나갔다가 목이 말라서 물을 마실려고 하다가 수면에 비친 아름다운 자신의 모습에 반하여 그만 움직일 수 없게 되고 소년은 그대로 한 그루의 붉은 수선으로 변했다고 하는 것이다. 물가에 피는 빨강 수선에는 아름다운 시정(詩情)이 있으며 이 같은 전설에의 꽃말은 '자만'이라고 붙여졌다.

## 계통과 품종

　수선은 고대 그리이스 시대부터 많이 가꾸어졌다고 하며 18

세기에는 품종 개량이 성행하여 그후 영국에서 수선이 대유행했다고 할 정도이다. 계통도 많으며 각각 많은 품종이 발달하고 있다.

## 재배 방법의 포인트

### 구근 이식

보통의 수선은 8월 중하순에 심고 나팔 수선은 9월 하순부터 11월 하순 정도를 심는 시기로 한다. 그루 간은 구근 직경의 3배, 덮는 흙은 높이 2배 정도가 적당하다. 화분에 심는 경우의 구근의 간격은 1~1.5배, 꼭대기 부분이 조금 보일 정도로 얕게 심는다. 화단에서는 3~4년에 한 번 8월 중순부터 9월 중순에 파내서 심는 정도의 관리로 매년 잊지 않고 피어주는 것이다.

# 스노우 드롭

구근 이식⇨9월 하순~10월 중순
개화기⇨2월~3월
과명⇨석산과
원산지⇨구주의 산지(山地)

꽃이 피는 것이 2~3월로 구근 화초 중에서 봄에 가장 빠르다고 할 정도로 꽃이 빨리 피어 인기가 있다. 단 이 꽃의 유감인 것은 개화 후에 구근이 썩기 쉽기 때문에 매년 신구근을 옮겨심지 않으면 다음 해에는 사라져 버리거나 조금 남는다는 점

▲봄 제일의 꽃 스노우 드롭

이다. 봄에 제일 먼저 피는 이 꽃의 특색을 살려서 매년 피워 보기 바란다.

### 재배 방법의 포인트

구근의 이식 장소

봄 이후 음지가 되어 여름의 시원한 곳이 노지의 조건이다. 화분에 심는 경우는 하천 모래와 진흙과 밭흙을 혼합한 곳에 심고 이른 봄부터 꽃을 피우도록 한다. 스노우 드롭은 구근을 9월 하순~10월 중순에 심고 2~3월의 봄 제일의 꽃을 관상한다. 장소와 조건이 갖추어질 것 같으면 2~3년 그대로 관상하든지 잎줄기가 마른 5월에 구근을 파내어 그늘에서 충분히 건조시킨 다음 저장하여 다시 가을에 구근을 심는 방법을 취하도록 한다.

# 히야신스

구근 이식⇨10월 상순⇨11월 중순
개화기⇨3월 상순~4월 중순
과명⇨백합과
원산지⇨시리아, 이란

두툼한 구근이라고 불리워지는 부분에 생장에 필요한 양분이 저장되어 있다. 구근의 이식 시기만 틀리지 않으면 잘 피며 방향(芳香)이 있고 화단, 화분 심기, 수재배로 즐긴다. 히야신스의 꽃말은 '스포츠'이다. 그리스 신화의 아폴로에게 사랑받던

▲ 히야신스

미소년 휴킨토스 이야기에 나오며 벚꽃이 피는 예고의 꽃으로
도 불리고 있다.

## 재배 방법의 포인트

### 구근의 이식

10월 상순~11월 상순에 15~20cm 간격으로 심고 20cm 흙을 덮어 준다. 꽃싹은 심기 전에 구근 내에 생길 수 있기 때문에 단순히 꽃을 피게 하는 것이라면 비료 없이도 모래와 물만으로도 피는 것이다. 일단은 화단흙 만들기처럼 비료분이 풍부한 푹신한 흙으로 만들도록 하기 바란다.

### 구근의 파내기

3월 상순~4월 중순 정도까지의 사이에 꽃이 끝나며 5월 하순에는 잎이 노랗게 물들고 지상부에 떨어지며 6월 중순에 약간 마른다. 이 시기에 파내어 그늘에서 말린 다음 보존하고 가을에 다시 심는다. 2~3년에 한 번의 파내기로도 쉽게 매년 꽃을 볼 수가 있으며 파낼 때에 자연히 분구한 대소 구근으로 증식하도록 한다. 그 외에 여름 동안에 큰 구근을 4개로 나누어 쪼개내고 인공적으로 늘리는 방법도 있다. 물론 화단 심기로도 훌륭하게 관상할 수 있다. 화분에 심을 때는 꽃이 끝나면 지면에 내려서 관리하면 구근도 버리는 것없이 이용할 수 있다.

## 히야신스의 수재배(水栽培)

### 구근의 성질

많은 비늘 조각을 포함해서 한 개의 구근이 생기며 고온기는 휴면 상태에 있다. 시원한 가을이 되면 다시 생장을 시작한다.

### 구근의 기본부(基本部)

뿌리가 나오는 부분으로 한 번 뿌리가 빠지거나 도중에 끊어

▲화단과 화분꽃으로서 튼튼하게 피는 히야신스

지거나 하면 완전히 재생할 수 없게 되기 때문에 발근하는 줄기(경부)는 문지르거나 밀리지 않도록 함과 함께 만약 발근한 경우는 특히 정중하게 취급하도록 한다.

수재배 구근의 크기

일반적으로 나도는 수재배 용기를 표준으로 하면 구근의 둘레가 15cm정도의 것이 좋으며 그 이상의 큰 구근의 경우는 용기도 대형의 것으로 준비해야 한다.

### 수재배를 시작하는 시기

실용적인 재배 개시는 10월에 들어가고 나서도 10월 중하순 정도가 적당하다. 그 이전에는 구근이 휴면 상태에 있기 때문에 재배를 한다고 해도 무의미하다.

### 수재배의 장소

재배 기간은 뿌리를 자라게 하고, 저온에 맞추며, 잎줄기를 자라게 해서 꽃을 피게 하는 세 가지로 구분해서 장소를 바꾸도록 한다. 즉 10월 중하순부터 12월 정도까지는 시원하고 어두운 곳에서 직사일광을 피하고 용기 내에 뿌리를 가득 뻗치도록 한다. 이어서 1월은, 재배 장소가 아파트일 경우에는 실외의 베란다에 내어서 저온에 맞춘다. 이 기간은 절대로 난방의 방에 가져가지 않는 것이 중요하다. 이어서 2월에 들어가면 따뜻한 곳에서 잎줄기를 자라게 하고 봉오리를 가지도록 한다. 용기내의 흰 뿌리와 용기 위의 꽃과의 콘트라스도 좋으며 관상도 최고가 된다. 꽃과 봉오리는 밝은 방향으로 굽으므로 때때로 방향을 바꿔주고 평균적인 꽃형태로 자라게 하면 한층 관상 가치가 높아진다.

### 수위(水位)

처음엔 구근의 기본부(뿌리가 나오는 부분)를 침투하는 정도로 하고 뿌리가 자람에 따라 수위를 내리도록 하여 최종적으

로는 수위를 기본부에서 3cm정도 떨어뜨려 주어 공기에 접하
도록 해준다. 물갈이는 하지않는 쪽이 좋으며 원칙으로서 물은
바꾸지 않는 쪽이 좋은 성적이 된다. 시원한 곳과 저온에 두는
시기는 그다지 문제는 없지만 2월의 따뜻한 곳에 옮기고 나면
녹조류의 발생도 있지만 대체로 물을 교환하지 않아도 되지만
기왕이면 맑은 재배 방법이 이상적이 된다. 탁한 듯하면 뿌리
를 다치지 않도록 바꾸어 주기 바란다.

## 튜울립

구근 이식⇨10월 상순~11월 상순
개화기⇨3월 하순~5월 상순
과명⇨백합과
원산지⇨소아시아

▲ 어린이들과 튜울립꽃

▲겹색으로 피는 튜울립

튜울립은 16세기에 독일의 터어키 파견 대사에 의하여 유럽에 가지고 돌아가서 널리 퍼지고 이윽고 영국이나 프랑스에서 가꾸어지게 되었다. 그리하여 1634년부터 1637년에 튜울립광 시대라고 하는 경제 혼란을 가져올 정도로 이상한 붐까지 일으키게 되었다. 당시의 네델란드에서는 새로운 품종의 구근은 마차로 소맥 2대분, 대맥 4대분, 숫소 4마리, 돼지 3마리, 양 12마리, 포도주 2동, 맥주 4동, 그외를 포함해서 합계 2,500플로린, 혹은 결혼 지참금 대신에 튜울립 구근으로 매매되었다. 그리고 '거대한 부를 얻는 것은 도산하는 것이다'라고 하듯이 미친 것이 되어 이 시기를 제1기 튜울립광 시대, 그리고 나서 약 100년 후의 1732년을 제2차 튜울립광 시대라고 하며 그 시기는 사회문제가 될 정도였다. 이같은 부르죠아꽃도 19세기에는 네델란드에서 구근 재배가 성행하게 되어 대중의 꽃으로서 오늘에 이어져서 현재의 튜울립이 생겼다고 전해진다.

## 재배 방법의 포인트

화단의 흙은 경토(耕土)가 깊은 사질(砂質)이 적합하지만 튜울립은 구근이 양질의 것을 고른다면 그다지 토질을 고르는 일없이 꽃을 피울 수가 있다. 구근의 이식은 큰 구근으로 20㎝ 간격, 깊이는 구근 높이의 3배 정도로 한다.

### 화분 심기
화분에 심는 경우 겨울에 건조하지 않도록 때때로 물을 주도록 한다.

구근의 파내기

개화 후 1−2개월 후 잎이 누렇게 변하고 나서 파내어 통풍이 좋은 그늘에서 건조, 시원한 곳에 저장해서 가을에 다시 심는 방법을 취한다.

# 후리지아

구근 이식⇨10월 상하순
개화기⇨3월 중순~4월 하순

▲추위에 약하기 때문에 관리에 주의해서 피워야 하는 후리지아.

과명⇨붓꽃과
원산지⇨남아프리카

향기가 좋은 꽃으로 수요가 많지만 유감스럽게 추위에 약한 것이 결점이다. 화단용이라고 하기보다는 화분 심기, 상자 심기로서 피우거나 꽃꽂이로서 가꾸면 좋을 것이다.

## 재배 방법의 포인트

배수가 좋은 흙을 이용하여 5호 화분에 6~7구근의 비율로 심으며 햇볕이 좋은 창가와 처마 아래에서 관리하고 비닐로 덮어준다. 비닐 덮개는 하루 중 15℃ 이상이 되지 않도록 벗기는 것을 잊지 않도록 해주면 잘 핀다.

# 나리꽃

구근 이식⇨10월~11월
개화기⇨5월~8월
과명⇨백합과

나리는 국산도 있으나 그 개량종이 많이 나와 있으며 종류도 많다. 가꾸는 방법도 종류에 따라서 다르기 때문에 각각의 특성을 알아두는 것이 중요하다.

## 계통과 품종과 키우는 방법

▲철포 나리

### (ㄱ) 철포 나리

큐우슈우에서 대만에 걸쳐서를 원산지로 하는 나리로서 꽃
꽂이, 화분 가꾸기로 10월 중순에 1평방 미터당 5~9구근을,
구근의 3배 흙덮기로 해서 심는다.

### (ㄴ) 투명 나리

중부 지방에서 북부 지방의 해안을 따라서 자생하는 바위 백
합이 원종이라고 불리는 노랑, 적색계, 그 외에 2겹 피는 것 등
이 있으며 15㎝ 간격으로 심는다. 화분에 심는 경우 5호 화분
에 3구근 정도 심는다.

### (ㄷ) 도깨비 나리

7−8월에 피는 2m, 화색은 주홍색이 중심으로 한 겹과 8겹

송이가 있으며 반나절 음지용으로 뿌리는 식용으로서 이용된다.

(ㄹ) 작은 사슴 나리

7월 중순-8월 중순에 피는 것으로 꽃은 흰색이고 짙은 홍색과 당홍색의 반점이 있는 것이 많으며 그 중에는 순백의 시라다마 백합으로 부르는 것도 있다. 반나절 음지용이다.

(ㅁ) 황색 작은 사슴 나리

7월 중하순에 피며 병에 강하다. 토질을 고르지 않으며 황색으로 담갈색의 미세한 반점이 있는 종류이다.

▲작은 사슴 나리

▲산 나리

(ㅂ) 수레바퀴 나리

6월 상순―중순, 주홍색의 꽃이 7~8개씩 윤생해서 피는 종
류이다.

(ㅅ) 작은 도깨비 나리

7월 중순－8월 중순에 피는 도깨비 백합을 닮은 왜소한 성질의 종류이다.


(ㅇ) 공주 나리

5월 하순－6월 상순에 피며 붉은 분홍색에 작은 반점이 들어간 종류로 9월 중순에 심어 3～4년에 한 번 갈아심는 정도로 잘 피어준다.


(ㅈ) 산 나리

6월 중순－8월에 피며 백색으로 적갈색의 반점이 있는 종류가 많다. 반일음지에 잘 핀다.


(ㅊ) 리갈 나리

중국 원산으로 6월 중순에 백색으로 외면이 도자색을 띠고 있는 종류이다.

그 외에도 많은 종류가 있으나 나리 전반에 통하는 것으로 비루스병에 걸리면 잎에 황색의 반점이 들어가거나 꼬이거나 화초의 키가 안 크기 때문에 바이러스의 매개에 의한 진딧물 방제가 중요하다. 진딧물의 발생을 보면 즉시 태워버려서 다른 나리에서 전염되는 것을 막도록 한다.

# 주로 가을에 포기 나누기하는 화초

가을에 포기 나누기 하는 화초로 화단 재료로서 많이 이용하는 것과 화초 각각의 특징을 살려서 이용하는 것으로 나누면 편리하다. 어느 경우도 적합한 곳을 선택해서 키우도록 하는 것이 중요하다.

## 엉겅퀴

파종⇨9월 상순~중순
포기 나누기⇨가을 또는 꽃이 핀 후
개화기⇨4~5월
과명⇨국화과
원산지⇨일본

많이 가꾸어지는 엉겅퀴는 독일 엉겅퀴라고해서 독일산인 듯한 느낌도 들지만 일본산의 엉겅퀴가 개량된 것이다.
튼튼한 꽃으로 화단 재료라고 하기 보다는 가정 원예의 꽃꽂이로서 유효하다.

### 계통과 품종

독일 엉겅퀴 외에도 많은 원예종이 있으며 야생의 엉겅퀴도 상당히 정취가 있다.

▲특특하게 매년 꽃을 피우는 엉겅퀴

### 재배 방법과 포인트

파종

9월 상순－중순에 가정에 직접 씨를 뿌리고 10월 중순 정도에 뿌리가 나오면 얽혀있는 곳을 솎아서 키운다. 비교적 가꾸기 쉬운 화초로 한 번 씨를 뿌리면 매년 계속해서 핀다. 될 수 있으면 포기가 크게 되는 3~4년에 한 번 그루터기를 해주도록 하면 매년 좋은 꽃을 볼 수가 있다.

# 도라지

포기 나누기⇨9월 중순~10월 상순
개화기⇨6월~10월
과명⇨길경과
원산지⇨아시아 동부

초여름부터 피는 종류가 있으며 가정 원예에서도 실용적으로 아름답게 피울 수가 있다.

### 계통과 품종

우리나라 재래의 도라지는 9－10월에 피지만 개량종인 장마도라지는 6월－7월, 그 외에 외국종도 많아 핑크, 분홍색, 두겹도라지 등 풍부하다.

### 재배 방법의 포인트

▲ 가을을 장식하는 도라지꽃

### 포기 나누기

도라지꽃도 한 그루의 화경(꽃지름)의 기본부 양쪽에 내년에 자랄 싹이 포함되어 있다. 즉 두 그루 피고, 그 다음 해는 4그루, 8그루로 증식해 간다. 뿌리는 우엉 뿌리이지만 3~4m의 싹을 붙여서 포기 나누기 한다. 씨앗에서 빨리 개화하는 도라지는 9월 중순 파종으로 6-7월 개화가 된다. 성질은 튼튼하며 건조를 싫어하지만 토지를 고르지 않고 양지에서도 반음지에서도 잘 자라며 꽃도 잘 핀다.

## 크리스마스 로즈

▲ 크리스마스 로즈

포기 나누기⇨9월 하순~10월
개화기⇨12월~3월
과명⇨미나리아제비과
원산지⇨유럽

이 꽃은 고개를 숙이고 피는 것이 이색적이다. 흰꽃으로 그 바깥쪽에 희미하게 홍색을 띠고 있다.

크리스마스 로즈는 크리스마스 전설에 의한 것으로 목양자들이 예수께 바치는 것을 배달하기 위해 마굿간에 간다. 아무것도 없는 목양자의 여동생은 무엇인가를 바칠려고 들판을 찾는다. 그러나 눈속에는 한 송이의 꽃도 없다. 그때 천사가 내려와 눈을 헤쳐가며 다가왔다. 그 후에 흰꽃이 피어 있었는데 목양자의 여동생은 그 꽃을 따서 예수님께 바쳤다고 하는 것이다. 그때 이 꽃은 너무나 아름다움에 스스로 고개를 숙였다고 전해진다.

## 계통과 품종

하얗게 바깥쪽으로 고개를 숙이며 피는 꽃으로 개화기는 12월−3월이지만 중부 지방에서는 3월 진달래꽃이 필 때가 최성기이다. 이 종류에는 '레우텐 로즈'라고 하는 흰색과 보라색 품종도 있다.

## 재배 방법의 포인트

상록의 다년초로 배수가 좋은 부식질의 흙을 좋아하며 나무 그늘 등 반그늘에 잘 자란다. 튼튼한 꽃으로 매년 잘 피지만 번식이 늦은 것이 특징이다.

# 시스터 데이지

포기 나누기⇨9월 중순∼10월 중순
개화기⇨5∼7월
과명⇨국화과
원산지⇨남유럽

가정과 화단에 모아서 심어두면 한 그루에서 다수의 꽃을 피우고 그 뒤에도 매년 피게 되는 튼튼한 꽃이다.

시스터 데이지
프랑스 국화와 일본의 해변 국화나무 잡종이라고 하며 6월을 중심으로 해서 피는 큰 송이 종류이다. 이 종류로는 다음과

▲시스터 데이지

같은 것이 있다.

◇프랑스 국화
숙근초이지만 6월의 파종, 혹은 망가진 씨앗에서도 다음 해 5월에는 거뜬히 필 정도이다.

◇아프리칸 데이지 악토티스
청자색, 엷은 오렌지, 담황색 등이 있다.

◇ 스완 리버 데이지
공주 코스모스 또는 브라키캄이라고 알려지고 있으며 청·보라·핑크 등의 색이 있다.

**재배 방법의 포인트**

만들기 쉬운 식물로 토질을 골르지 않아도 햇볕이 좋고 배수가 좋은 곳이라면 어디라도 잘 자란다. 시스터 데이지는 포기 나누기로 늘리는 것이 중요하며 잡종 때문에 씨앗이지만 변이가 일어난다. 비료는 칼리분을 많이 해서 튼튼하게 피우도록 한다.

# 작약

갈아심기와 이식⇨9월 상순
개화기⇨4월 하순~5월
과명⇨미나리아제비과
원산지⇨중국

봄정원을 장식하는 숙근초의 여왕으로서 재배의 역사로는 옛날 기원 300년 경에 중국에서 재배되었다고 한다.

## 계통과 품종

작약에는 꽃모양, 꽃색깔, 꽃이 피는 방법에 따라 각기 다른 여러가지가 있으며, 일본에서 개량된 것을 화(和)작약, 서양에서 개량된 것을 양작약이라고 한다. 가정 원예에서는 큰 송이로 볼륨있는 양작약을 권유한다.

## 재배 방법의 포인트

재배 관리

214

▲작약

  햇볕이 좋은 곳에 충분한 비료를 주는 것과 건조를 막기 위해 짚을 깔고 꽃이 끝나면 비료를 줘서 새로운 싹의 비대와 촉진을 해주도록 하는 것이 보통 재배의 중요 포인트가 된다.

포기나누기와 갈아심기
  9월 상중순이 좋으며 그 이후가 되면 뿌리 자람이 나빠진다. 심을 때는 깊게 심을 구멍을 파고 그 속에 퇴비와 화학성 비료를 주고 싹이 감춰질 정도로 흙을 덮는다. 갈아심기는 3~4년에 한 번 정도로 한다.

꽃꽂이로서 하는 경우

꽃꽂이로서 자르는 경우는 반드시 아랫잎을 3-4장 남기고 자르도록 한다.

그 외

병충해는 네머토드가 문제인데 만약 발생하면 파서 태워버린다. 또한 재색 곰팡이병의 발생에는 다이센을 살포해서 방제하도록 한다.

# 은방울 꽃

포기 나누기⇨10월∼11월
개화기⇨4월 중순∼5월
과명⇨나라과
원산지⇨유럽 및 온대 아시아

은방울꽃이라고 하면 원예종인 독일 은방울꽃이 일반적으로 되어왔다. 우리나라의 중부 이북, 동북부에 자생하는 꽃이나 잎도 소형의 것은 자생지만의 꽃이 되었다. 일반적으로 나오는 것은 독일에 많기 때문에 독일 은방울꽃이라고 부른다. 이 은방울 꽃은 여기에서도 은방울꽃으로 취급한다. 독일과 프랑스에서는 5월 1일의 메이 플라워에 은방울 꽃을 주면 그 사람에게 행복이 찾아든다는 관습이 있다.

## 계통과 품종

일본 은방울꽃과 독일 은방울꽃이 있으며 독일 은방울꽃이

▲ 은방울 꽃

큰 송이로 꽃도 좋으며 향기도 강하기 때문에 많이 키워지고 있다. 보통은 흰꽃이지만 핑크색과 꽃을 피우는 분홍색 은방울 꽃도 있다.

## 재배 방법의 포인트

### 환경
여름날 음지가 되는 낙엽수 아래에 집단으로 심으면 눈에 잘 띈다. 냉랭한 기온을 좋아하며 하기의 건조하지 않은 장소를 고르는 것이 중요하다.

### 원비(元肥)
잘 경작한 곳에 부엽토를 충분히 넣는 것과 매년 꽃이 끝나면 화학성 비료를 감사 비료로 주는 것이 중요하다.

포기 나누기

10-11월의 꽃싹이 붙은 포기를 1포기 20-30㎝ 간격으로 심는다. 화분에 심는 경우는 3~5장씩 심으면 된다.

꽃의 싹과 잎의 싹

포기 나누기에 임해서 꽃싹은 커서 둥근 맛이 있으며 잎의 싹은 가늘어서 끝이 뾰족하다. 구분해서 꽃싹이 있는 통통한 것을 심도록 한다.

# 제라니움

꺾꽂이⇨가을, 봄
개화기⇨4~6월, 9~10월
원산지⇨남아프리카

화단, 화분꽃, 플라워 박스로 수요가 많은 꽃이다. 특히 베란다 원예로서 화분꽃을 나열해 보면 어떨까. 가꾼다면 양질 품종을 선택해 주어야 한다. 또한 제라니움은 중부 이남의 남향·양지에서는 월동하고 있는 나무 모습도 많이 볼 수 있다.

## 계통과 품종

제라니움을 대별하면 다음과 같이 나누어지며 각각 많은 품종이 발달하고 있다.

▲ 제라니움의 꺾꽂이싹

보통 제라니움

패럴고늄, 보르도랑으로 저널계라고 불리워지는 것으로 빨강
색, 분홍색, 흰색 등의 꽃색에 꽃형태도 8겹, 한 겹, 반8겹 등
많은 품종이 발달하고 있다.

아이리니계

왜소성의 큰 송이로, 4계절 피는 성질이 강하여 묘종 때부터
꽃이 피기도 한다. 꽃붙임도 좋으며 꽃색, 꽃형태도 다양한 실
용형으로 수요도 많아졌으며 가정 원예 계통이라고 할 수 있다.

반점 무늬 잎의 제라니움

보통 제라니움인 저널계의 잎에 반점 무늬가 있으며 잎과 꽃
을 관상할 수 있는 종류이다.

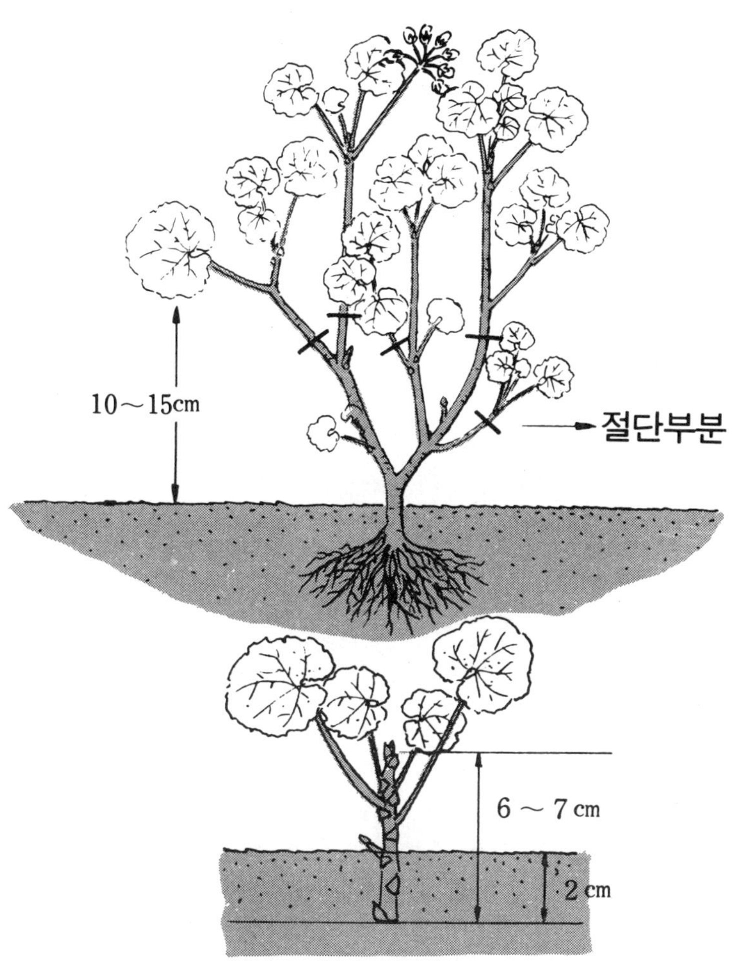


▲ 제라니움의 꺾꽂이하는 방법

아이비 제라니움

화분의 것으로서 말려서 즐기는 것으로 쓰인다. 빨강, 보라, 분홍, 흰색 등의 단색과 복원색 등의 꽃색과 꽃모양도 한 겹, 8겹, 반8겹으로 많은 품종이 발달하고 있다.

이상과 같이 계통에 관해서 열거했지만 여름 더위에 대한 관리와 월동에 대한 보온에 주의해 주도록 하면 가정 원예에서도 많이 보급해도 좋은 꽃이다.

## 재배 방법의 포인트

생육의 조건

남향의 양지에서 월동하고 있는 제라니움의 모습을 보는 것에 대해 언급했지만 온도의 조건에서 본다면 5℃이상에서 자라 15℃가 생육 적온으로 되어 있다. 고온에 약하기 때문에 여름철은 시원하게 해주는 것이 중요하다. 비교적 저온과 건조에 견딜 수 있는 듯한 좋은 조건을 갖추도록 한다.

꺾꽂이

진흙 적토에서도 잘 발근한다. 꺾꽂이하고 나서 20일 정도로 쉽게 발근하기 때문에 화초 길이가 7-8cm로 자랐을 때 싹을 따주어야 하며 3~4그루 재배해서 꽃을 피우도록 한다. 꺾꽂이는 온도만 알맞으면 언제라도 할 수 있지만 이른 가을과 봄이 개화기로 보아서 좋은 조건이 될 것이다.

# 블루 데이지

▲블루 데이지

꺾꽂이⇨5월~가을
개화기⇨5월~가을
과명⇨국화과
원산지⇨남아프리카

엷은 푸른 꽃으로 화분용, 화단에 심어 봄부터 가을에 걸쳐서 관상한다. 게다가 온실이나 실내에서도 개화가 계속되는 비교적 튼튼한 꽃이다.

## 계통과 품종

보통은 화초 길이 30—50㎝이지만 그 외에 화초 길이 60㎝ 정도로 꽃이 큰 것도 있다.

## 재배 방법의 포인트

봄부터 가을에 걸쳐서 꺾꽂이로 증식해 주는데 가정용으로서는 5~6월 꺾꽂이로 가을의 관상이 실용적이다. 봄에 양질의 화분꽃을 골라서 꺾꽂이를 해서 늘리는 것이 편리하다.

# 마아가렛

꺾꽂이⇨9월 중순~10월 상순
개화기⇨5~6월
과명⇨국화과
원산지⇨아프리카, 카나리아섬

▲마아가렛

따뜻한 지방의 서리가 없는 지대에서는 월동의 어려움없이 매년 꽃을 피울 수가 있다. 중부 지방에서는 좀 무리가 될 것이다. 하지만 프레임이나 창 너머의 일조로 화분 심기를 해두면 월동하고 봄의 서리 걱정이 없어질 때 화분째로 혹은 정원에 심는다. 그러면 꽃을 관상할 수 있다.

## 계통과 품종

### 꺾꽂이

가을에 화단을 6~8㎝로 잘라 하천 모래나 진흙, 적토에 꺾꽂이하면 15일 정도로 발근한다. 그 묘종을 따서 10월 중하순에 갈아심어 월동시킨다.

### 화분흙

보통의 흙, 부엽토, 모래흙을 혼합해서 유기질의 깻묵 등을 비료로 주어서 키우도록 한다. 추위에 약한 이외에 비교적 쉽게 월동하고 화분과 화단에 심어서 관상할 수 있는 대중적인 꽃이라고도 할 수 있다.

# 겨울 원예 (12 · 1 · 2월)

## 방한(防寒)과 보온(保溫)

12월에 들어가면 추위도 나날이 심해지며 화려하던 화단도 꽃이 없어져 으스스해져 간다. 유감이지만 겨울 화단의 재료는 목단채 중심이 되어버린다. 추위 탓인지 정원에 나오는 것도 귀찮아져서 원예 시즌이 끝났다는 듯이 하는데 원예 가게에 있어서는 휴식이 없다. 11월에 이어서 서리 방지를 아직 하고 있지 않을 때는 12월 상순에 끝내도록 한다. 방한(防寒)의 목적은 곧 화초를 차가운 공기에 접하지 않도록 하는 데에 있다. 간단한 서리 방지로서도 주야의 온도차를 적게 할 수가 있다. 화초의 종류에도 의하지만 극히 사소한 바람 방지 정도의 장해물로서도 방한의 역할을 해주는 것이다. 그 서리 방지는 보통 북쪽은 지면에 붙이고 남쪽을 40~50℃로 해서 햇볕을 잘 들게하는 한쪽 지붕식으로 하고 갈대발이나 거적, 멍석, 가정에서 여름에 사용한 오래된 발 종류, 비닐 등을 이용할 수 있다. 할 수 있다면 가정의 폐품을 유효하게 사용하기를 권유한다.

## 간단한 서리 방지 방법

한쪽 지붕식의 것을 만드는 것 외에 삿갓을 세우거나, 가정용의 돗자리로 둘러 싸거나, 그 외에 뿌리 쪽에 마른 풀을 깔아주도록 한다. 뿌리 주변에 마른 풀을 깔아주는 것을 마르틸

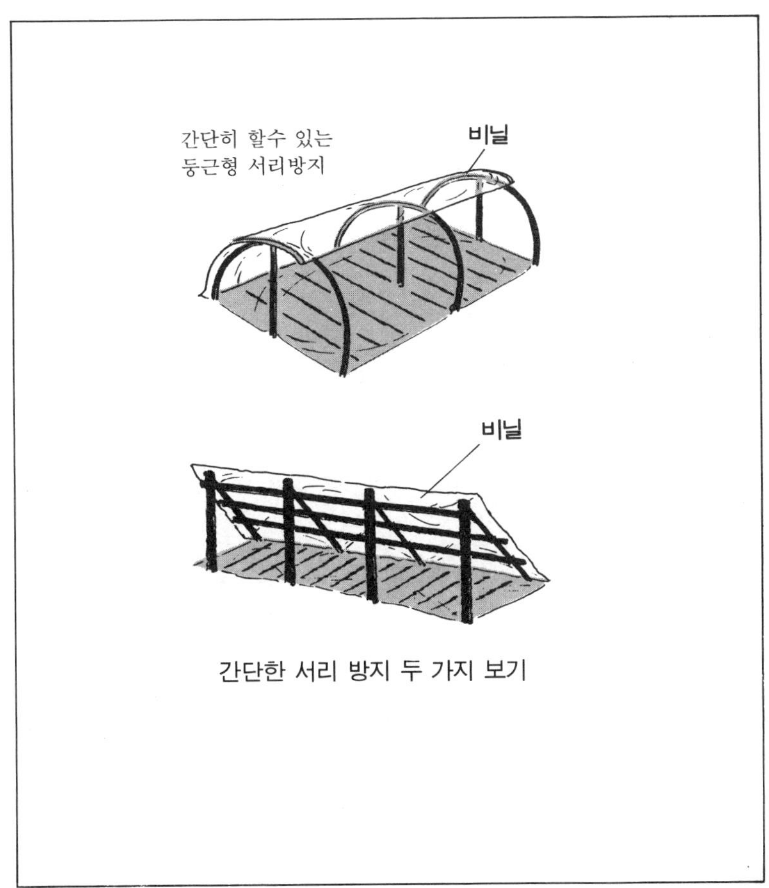



간단한 서리 방지 두 가지 보기

이라고 하며 건조와 잡초의 생육을 막고 서릿발에 의해 뿌리가 뜨는 것과 비가 내릴 때의 빗물이 튀는 것을 막는 등 여러가지 역할을 하는 것이다. 또한 잎과 줄기가 말라 뿌리 포기가 남아 있는 숙근초류는 흙에 묻거나 그 주위에 흙을 9cm정도로 덮어서 포기 주위에 짚을 깔아주도록 하면 효과적이다.

# 비닐 하우스

프레임과 비닐 하우스에 의한 방한 방법으로 가정 원예용인 것이다. 가을에 뿌리는 화초의 묘판 등은 반원형의 대나무로 짜서 반원 형식의 것을 만들어주면 꽃이 달리는 것도 빨라진다. 이 방법의 경우는 하루 중의 10시경에 벗겨내어 밤에는 바깥 기온이 차지않게 한다. 4시경까지 부지런히 개폐해 주지 않으면 하루 중 온도가 지나치게 올라서 무덥거나 저녁에 따뜻한 공기를 놓쳐버리게 된다.

게다가 프레임의 경우 바깥 기온이 내려가고 최저 기온이 빙점아래 2도 이하가 되면 1~2장의 발을 쳐서 속을 얼지 않도록 해주어야 한다. 프레임 내에서는 매일 한 번 건조상황을 확인

▲ 봄에 접목하여 키운 다음 그해 가을에 갈아심는 묘목

▲묘목을 심을 때는 정성스럽게 해야 한다.

해서 물주기를 잊지 않도록 한다.

## 비료를 준다

겨울의 관리에서 가장 중요한 것은 화초에 겨울의 추위를 견디는 힘을 저장해 주는 것이 필요하다. 그 때문에 12월에 들어가면 칼리분이 많은 비료를 충분히 주어두는 것이 중요하다.

이 경우도 특히 문밖에서 겨울을 넘기는 화초는 가을 중에 포기를 뿌리 자라기가 좋게 튼튼히 키워두는 것이 중요하다. 질소비료를 지나치게 주면 연약하게 자라 추위의 해를 받게 되기 때문에 주의해 주어야 한다. 또한 2월에 들어가서 슬슬 봄꽃을 잘 피게 하기 위해서 화학성 비료와 배합 비료를 추비로서 주

도록 한다.

## 겨울의 물주기

　서리방지를 한 장소 등은 빗물이 들어가지 않아 건조하기 쉽
게 되므로 흙이 너무 마르지 않도록 때로는 맑은 오전 중에 물
주기를 하기 바란다. 물주기는 소량으로 때때로 주는 법도 있

으나 가급적이면 횟수를 적게 듬뿍 주도록 한다.

## 중간 경작과 제초(除草)

때때로 통기와 배수를 좋게 하고 뿌리 활동을 촉구하기 위해 땅속을 갈아주는 것을 잊지 않고 해주면 그 후에는 생육이 좋은 성적으로 연결된다. 또한 화단용으로 하는 토지는 깊게 경작하여 표면흙과 하층흙이 바뀌도록 해두면 흙속에서 월동하는 해충류를 살충할 수 있다. 까는 짚 아래에 잡초가 생기므로 이것도 부지런히 잡초 뽑기를 해주도록 한다.

이상 춘하추동에 거슬리는 일없이 백화만발한 꽃이 있는 생활을 보내는 것을 목적으로 해서 이 책을 권유해본다. 그러나 겨울 원예는 단순한 정원일 외에 좀더 중요한 것이 있다. 카다로그를 참고로 1년의 계획을 세우는 것이 중요하다. 1년 계획을 꿈꾸어 보자. 계획에 있어서는 개인 개인의 생활 환경에도 차이가 나지만 이것 저것 모두 넣어 견본원화해서는 의미가 없다. 계절별로 여러 종류를 중점적으로 받아들이고, 그 외에 화초의 특징을 살려서 여러 가지 종류를 조금씩 받아들인 가정 원예를 만끽하도록 명심하기 바란다.

판권 본사 소유

# 가 정 원 예

2012년 5월 25일 인쇄
2012년 5월 30일 발행

지은이/ 편 집 부 편
펴낸이/ 최    상    일
펴낸곳/ 태 을 출 판 사

서울특별시 중구 신당6동 52-107(동아빌딩내)
등록/1973년 1월 10일(제4-10호)

*잘못된 책은 구입하신 곳에서 교환해 드립니다.

■주문 및 연락처

우편번호 100-456
서울특별시 중구 신당6동 52-107 (동아빌딩 내)
전화 / 2237-5577 팩스 / 2233-6166
ISBN 89-493-0397-3   03480

## "태을출판가 엄선한 현대 가정의학 시리즈"

✳ 현대 가정의학 시리즈 ①
### 눈의 피로, 시력감퇴 치료법

✳ 현대 가정의학 시리즈 ②
### 명쾌한 두통 치료법

✳ 현대 가정의학 시리즈 ③
### 위약, 설사병 치료법

✳ 현대 가정의학 시리즈 ④
### 스트레스, 정신피로 치료법

✳ 현대가정의학 시리즈 ⑤
### 정확한 탈모 방지법

✳ 현대 가정의학 시리즈 ⑥
### 피로, 정력감퇴 치료법

✳ 현대 가정의학 시리즈 ⑦
### 완전한 요통 치료법

✳ 현대 가정의학 시리즈 ⑧
### 철저한 변비 치료법

✳ 현대 가정의학 시리즈 ⑨
### 완벽한 냉증 치료법

✳ 현대 가정의학 시리즈 ⑩
### 갱년기장해 치료법

✳ 현대 가정의학 시리즈 ⑪
### 감기 예방과 치료법

✳ 현대 가정의학 시리즈 ⑫
### 불면증 치료법

✳ 현대 가정의학 시리즈 ⑬
### 비만증 치료와 군살빼는 요령

✳ 현대 가정의학 시리즈 ⑭
### 완벽한 치질 치료법

✳ 현대 가정의학 시리즈 ⑮
### 허리·무릎·발의통증 치료법

✳ 현대 가정의학 시리즈 ⑯
### 코 알레르기 치료법

✳ 현대 가정의학 시리즈 ⑰
### 어깨결림 치료법

✳ 현대 가정의학 시리즈 ⑱
### 기미·잔주름 방지법

✳ 현대 가정의학 시리즈 ⑲
### 자율신경 실조증 치료법

✳ 현대 가정의학 시리즈 ⑳
### 간장병 예방과 치료영양식